“十三五”职业教育系列教材

U0261625

计算机文化基础实训

主　编　马　强　沈敏捷
副主编　赖　特　张　超　卞白翔
参　编　李　梵　袁　强　张晓云
主　审　王　蓉　范　宇　张正洪

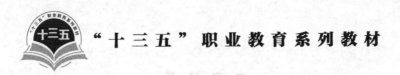

中国电力出版社
CHINA ELECTRIC POWER PRESS

内 容 提 要

本书是“十三五”职业教育规划教材。

本书是根据《国家职业教育改革实施方案》要求，坚持知行合一、工学结合、与时俱进，紧密结合当前的计算机信息技术，满足高等院校计算机应用的计算机基础课程实训教材。全书共8章，主要包括计算机基础知识，Windows应用，计算机网络基础，云计算、大数据与“互联网＋”，Word 2019应用、Excel 2019应用和PowePoint 2019应用等实训内容，以及计算机基础等级考试大纲。

全书针对性、实用性较强。

全书全部以当前的实训案例进行讲授，图文并茂、条理清晰、通俗易懂、内容丰富，在讲解重要的知识点时都配有对应的实训案例视频演示教学，方便读者上机对照实践。

本书适合各类高等院校计算机类相关专业的学生使用。

图书在版编目（CIP）数据

计算机文化基础实训/马强，沈敏捷主编．—北京：中国电力出版社，2020.7（2024.6重印）
“十三五”职业教育规划教材
ISBN 978-7-5198-4754-8

Ⅰ.①计… Ⅱ.①马…②沈… Ⅲ.①电子计算机—高等职业教育—教材 Ⅳ.①TP3

中国版本图书馆CIP数据核字（2020）第131600号

出版发行：中国电力出版社
地　　址：北京市东城区北京站西街19号（邮政编码100005）
网　　址：http://www.cepp.sgcc.com.cn
责任编辑：张　旻（010-63412536）　马玲科（010-58383276）
责任校对：黄　蓓　马　宁
装帧设计：王红柳
责任印制：吴　迪

印　　刷：北京盛通印刷股份有限公司
版　　次：2020年7月第一版
印　　次：2024年6月北京第七次印刷
开　　本：787毫米×1092毫米　16开本
印　　张：9.25
字　　数：120千字
定　　价：38.00元

版 权 专 有　侵 权 必 究

本书如有印装质量问题，我社营销中心负责退换

前　言

快速发展的计算机信息技术已经深度融合到了社会生活的方方面面，深刻改变着人类的思维、生产、生活、学习方式，与之密切相关的计算基础应用已经成为人们认识和解决问题的基本能力之一。根据《国家职业教育改革实施方案》的要求，坚持知行合一、工学结合、与时俱进，紧密结合当前的计算机信息技术，满足高职院校计算机应用教学的要求，我们组织了一批具有丰富教学经验的教师编写本书。

作为高等院校的大学计算机基础教学，应该在综合考虑计算机思维能力培养、计算机学科知识传授和计算机应用技能训练三者之间关系的基础上，培养学生持续学习的能力，要教会学生思考问题的新方法，以及利用计算机解决问题的一般方法和技巧，从而拓宽学生的视野，培养学生的创新思维，为学生解决相关专业领域的问题提供有效的基础技能支撑。

全书共8章，其中第1～7章共27个案例，第8章为计算机基础等级考试大纲。全书针对性、实用性较强，与由中国电力出版社出版的理论教材《“十三五”职业教育规划教材　计算机文化基础》（主编马强、沈敏捷）配套使用。

全书全部以当前的实训案例讲授，图文并茂、条理清晰、通俗易懂、内容丰富，在讲解重要的知识点时都配有对应的实训案例视频演示教学，方便读者上机对照实践。

本书由四川电力职业技术学院马强、沈敏捷担任主编，王蓉、范宇、张正洪担任主审。其中，第1章由卞白翔、李梵编写，第2章由赖特编写，第3章由张超编写，第4、第7章由沈敏捷编写，第5章由马强、张晓云编写，第6章由马强、袁强编写，全书由马强负责统稿。本书编写过程中，王蓉、范宇、张正洪老师对本书内容提出了宝贵意见，在此表示感谢！

限于编者水平，书中难免有疏漏之处，敬请读者批评指正。

编者

2020年7月

目　录

数字资源总码

第 1 章 计算机基础知识

1.1 案例 1 键盘指法练习

1. 知识要点

(1) 计算机键盘的基本构造。

(2) 键盘指位的区域划分。

2. 案例要求

(1) 熟练掌握键盘基本构造。

(2) 掌握键盘各功能分区及每个按键的具体功能。

(3) 熟练掌握各指位对应的键盘分区。

3. 案例实操

(1) 结构：按功能划分，键盘总体上可分为四个大区，分别为功能键区、打字键区、编辑控制键区、副键盘区。

(2) 基本键：打字键区是我们平时最为常用的键区，通过它，可实现各种文字和控制信息的录入。打字键区的正中央有 8 个基本键，即左边的 A、S、D、F 键，右边的 J、K、L、; 键，其中的 F、J 两个键上都有一个凸起的小棱杠，以便于盲打时手指能通过触觉定位。

(3) 基本键指法：开始打字前，左手小指、无名指、中指和食指应分别虚放在 A、S、D、F 键上，右手的食指、中指、无名指和小指应分别虚放在 J、K、L、; 键上，两个大拇指则虚放在空格键上。基本键是打字时手指所处的基准位置，击打其他任何键，手指都是从这里出发，而且打完后又须立即退回到基本键位。

(4) 其他键的手指分工：掌握了基本键及其指法，就可以进一步掌握打字键区的其他键位了，左手食指负责的键位有4、5、R、T、F、G、V、B共8个键，中指负责3、E、D、C共4个键，无名指负责2、W、S、X键，小指负责1、Q、A、Z及其左边的所有键位。右手食指负责6、7、Y、U、H、J、N、M共8个键，中指负责8、I、K、,共4个键，无名指负责9、O、L、。共4个键，小指负责0、P、;、/及其右边的所有键位。这样划分，整个键盘的手指分工就一清二楚了，击打任何键，只需把手指从基本键位移到相应的键上，正确输入后，再返回基本键位即可，如图1.1所示。

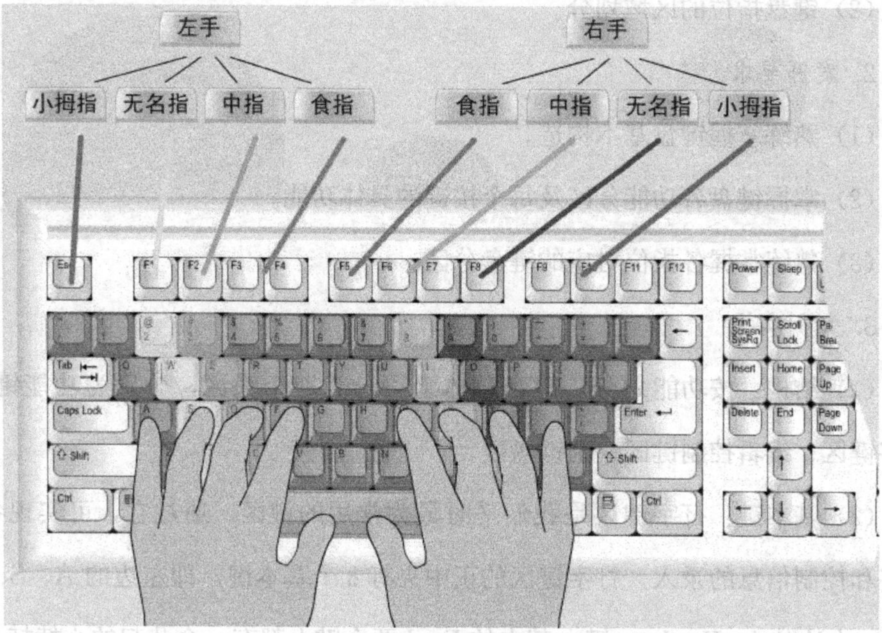

图1.1 键盘指位图

1.2 案例2 中文拼音输入法练习

1. 知识要点

(1) 输入法的正确使用解析。

（2）常用的输入方式简介。

（3）中英文标点对照表。

（4）汉语拼音详解。

2. 案例要求

（1）熟练掌握搜狗拼音输入法热键切换。

（2）熟练掌握搜狗拼音输入法的常用功能。

（3）掌握汉语拼音语法并熟练使用。

3. 案例实操

（1）输入法热键。

输入法切换：按 Ctrl＋Shift 组合键可以在已安装的输入法之间进行切换。

打开/关闭输入法：按 Ctrl＋空格键组合键可以实现英文输入和中文输入法切换。

全角/半角切换：按 Shift＋空格键组合键可进行全角和半角的切换。

（2）以搜狗拼音为例介绍。在标准输入法方式下，可以同时使用全拼输入、简拼输入、混拼输入等多种输入法。

1）全拼输入。

特点：完全按汉语拼音输入字或词的完整的声母和韵母，得到相应的汉字和词组，适合于知道汉字读音，并且对拼音掌握较好的输入者使用。全拼输入时，声母和韵母的字母与键盘上的 26 个字母对应，只有“ü”用“V”来代替。

2）单字输入。

方法：只要输入一个汉字的完整拼音即可。

例如：“国”，先输入拼音“guo”，按与汉字序号相对应的数字选择汉字。如果所选的字处于第 1 个字时，可直接按空格键。

输入拼音后，拼音转换成字词。

输入“值”“只”“之”，如图 1.2 所示。

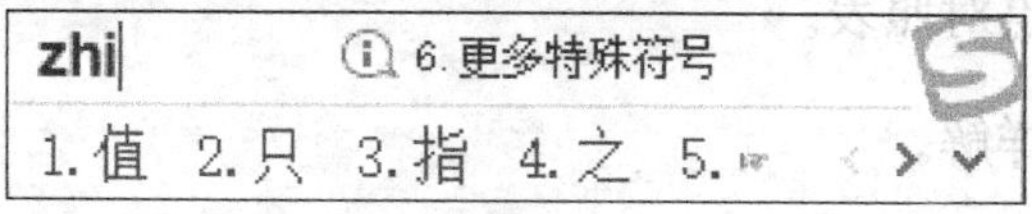

图 1.2 搜狗拼音输入法“值”

当前选词框中，没有所需的字或词时，按“＋”键或者按 PageDown 键向下翻页，按“－”键或者 PageUp 键向上翻页。也可以用鼠标单击字词选择框中的黑色三角查找。

练习：输入“你、我、他、它”等字。

3）词组输入。

方法：输入每个汉字的完整拼音即可。

例如：“温州”，输入拼音“wenzhou”，选择与数字序号对应的词组，如图 1.3 所示。

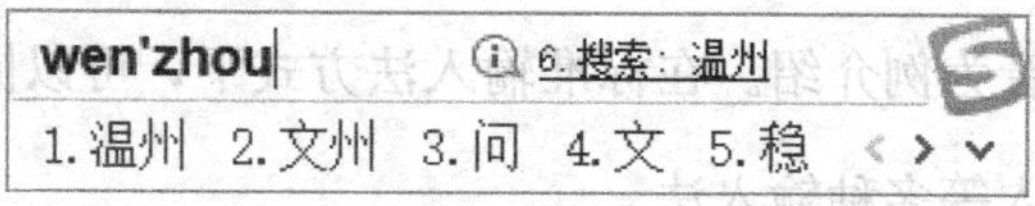

图 1.3 搜狗拼音输入法“温州”

当前选词框中，没有所需的字或词时，按“＋”键或者按 PageDown 键向下翻页，按“－”键或者 PageUp 键向上翻页。

练习：输入“国家、文章、历史、高兴”等字。

4）简拼输入。

特点：适用于词组输入，用词组中每个字拼音的第一个字母作为输入码。

例如：“发现”，输入“fx”，选择词组。“非常”，输入“fc”，选择词组，如图 1.4 所示。

注意：由于拼音输入法有重码多的特点，可能会出现当前选词框中没有所需的词，则按“＋”键或者按 PageDown 键向下翻页，按“－”键或者 PageUp

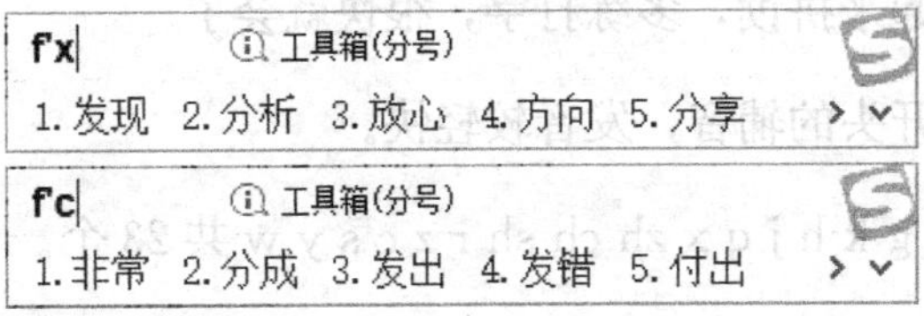

图 1.4　搜狗拼音输入法“发现”“非常”

键向上翻页。

5）混拼输入。

特点：简拼和全拼两者相结合。

例如：“中国”，输入“zhongg”或“zguo”，选择对应数字，如图 1.5 所示。

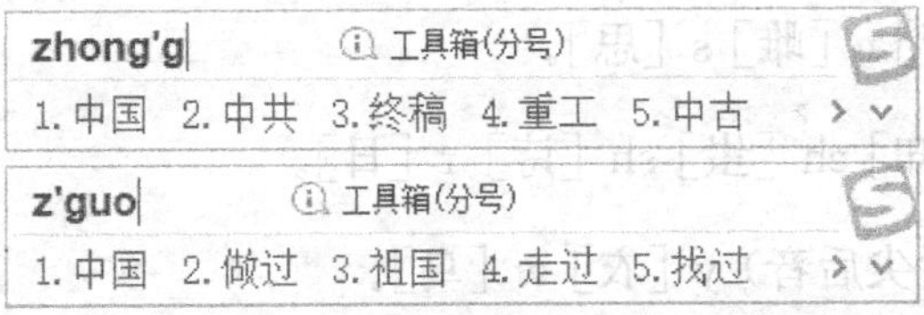

图 1.5　搜狗拼音输入法“中国”

6）中文输入过程中的英文输入。按下 Shift 键实现中英文切换。用鼠标单击输入法状态栏上面的中文图标也可以切换。

(3) 常用中文标点对照表。由于中英文标点符号的差异，因此编制中文标点对照表将键盘上的英文标点逐一与中文标点相对照，见表 1.1。

表 1.1　　**常用中文标点**

中文标点	键位	中文标点	键位	中文标点	键位
。句号	.	“” 双引号	Shift+‘’	——破折号	Shift+—
，逗号	,	‘’ 单引号	‘’	·间隔号	`
；分号	;	() 括号	Shift+ ()	……省略号	Shift+6
：冒号	Shift+;	《》书名号	Shift+,.	、顿号	\
？问号	Shift+/	【】方括号	[]	*星号	Shift+8
！感叹号	Shift+1	{} 大括号	Shift+ []	%百分号	Shift+5

(4) 汉语拼音。先记熟汉语拼音声母和韵母的读音，记住并背会拼音字母，

然后再将字母组合起来拼读，多练打字，很快就会了。

声母：指音节开头的辅音，发音较轻快。

b p m f d t n l g k h j q x zh ch sh r z c s y w 共 23 个。

平舌音：z c s 有 3 个（拼音中以 z、c、s 开头的）。

翘舌音：zh ch sh r 有 4 个（拼音中以 zh、ch、sh、r 开头的）。

声母的发音：b［玻］p［坡］m［摸］f［佛］。

齿龈音（舌尖音）：d［得］t［特］n（讷）l（勒）。

舌根音（软腭音）：g［哥］k［科］h［喝］。

舌面音（硬腭音，龈一腭音）：j［基］q［欺］x［希］。

平舌音：z［资］c［雌］s［思］。

翘舌音：zh［知］ch［蚩］sh［诗］r［日］。

（齿龈后音，舌尖后音）y［衣］w［乌］。

韵母：指音节中声母后面的部分，发音较响亮。

a o e i u ü ai ei ui ao ou iu ie üe er an en in un ün ang eng ing ong 共 24 个。

单韵母：发音声音又响又长，a o e i u ü 共 6 个。

复韵母：ai ei ui ao ou iu ie ue er 共 9 个。

前鼻音韵母：指拼音中以“n”结尾的，an en in un ün 共 5 个。

后鼻音韵母：指拼音中以“ng”结尾的，ang eng ing ong 共 4 个。

韵母的发音：a［啊］o［喔］e［鹅］i［衣］u［乌］ü［迂］ai［哀］ei［欸］ui［威］ao［熬］ou［欧］iu［优］ie［耶］üe［约］er［耳］an［安］en［恩］in［因］un［温］ün［晕］ang［昂］eng［亨］ing［英］ong［翁］。

整体认读音节：zhi chi shi ri zi ci si yi wu yu ye yue yuan yin yun ying 共 16 个。

整体认读音节的发音：zhi［知］chi［蚩］shi［诗］ri［日］zi［资］ci［雌］si［思］yi［衣］wu［乌］yu［迂］ye［耶］yue［约］yuan［冤］yin［因］yun［晕］ying［英］。

音节：语音的基本结构单位，也是自然感到的最小语音片段，由声母、韵母组成。“定”ding，一般说来，一个汉字代表一个音节。

er【儿】为特殊韵母，有时候归类于复韵母，有时候单独列为特殊韵母。

注意：键盘打字 ü 有时是【V】，如：绿的拼音是 lv。

1.3 案例3 金山打字通教学软件

1. 知识要点

（1）金山打字通教学软件简介。

（2）教学软件安装与操作基本步骤。

（3）教学软件功能详解。

2. 案例要求

（1）了解金山打字通教学软件。

（2）熟练安装、卸载金山打字通教学软件。

（3）熟练使用金山打字通教学软件进行各项打字训练。

3. 案例实操

（1）软件简介。金山打字通是一款功能齐全、数据丰富、界面友好、集打字练习和测试于一体的打字软件。针对用户计算机知识水平可定制个性化的练习课程，每种输入法均从易到难并提供单词（音节、字根）、词汇以及文章循序渐进练习，同时辅以打字游戏，循序渐进突破盲打障碍，短时间运指如飞，完全摆脱枯燥学习，联网对战打字游戏，易错键常用词重点训练，纠正南方音、模糊音，不背字根照学五笔，提供五笔反查工具，配有数字键，同声录入等多项职业训练。适用于打字教学、电脑入门、职业培训、汉语言培训等多种使用场景。

（2）安装与操作。金山打字通历来都被电脑爱好者认为是学习和熟悉电脑输入的首要工具之一。金山打字通的安装非常简单，但安装时该软件会推荐其他的一些应用程序，因此在选择组件的时候需要注意这些软件是否是自己所需要的。

安装完成以后，启动金山打字通 2016 可以看到，软件设计了全新的启动界面，将金山打字通 2016 和金山打字游戏 2016 的启动项整合到同一个启动界面中，从而方便初级电脑用户使用与切换。同时，主界面中还提供了上网导航和电脑必备软件推荐，精挑细选了广大网民最常用的软件和网址，可以帮助一些普通的电脑用户更方便地使用，如图 1.6 所示。

图 1.6　金山打字通主界面

另外，该软件也保留了金山打字通 2016 里直接启动金山打字游戏 2016 的入口，如图 1.7 所示。首次运行金山打字通 2016 时，软件会提示注册新用户，这样可以让各用户之间的打字练习不受影响，而且保证教学与练习进度和效果。

图 1.7　用户信息与设置

（3）输入练习。打字测试功能就好像我们在入学的时候，要进行一次摸底考试一样，金山打字通 2016 在用户新建账户后，会建议用户进行一次学前测试，如图 1.8 所示。学前测试包括“英文测试”“拼音测试”和“五笔测试”三种，测试完成以后程序会根据用户的成绩有针对性地进行练习。进行测试的样文都是一些短文和笑话，可以避免练习的时候让人感到枯燥。

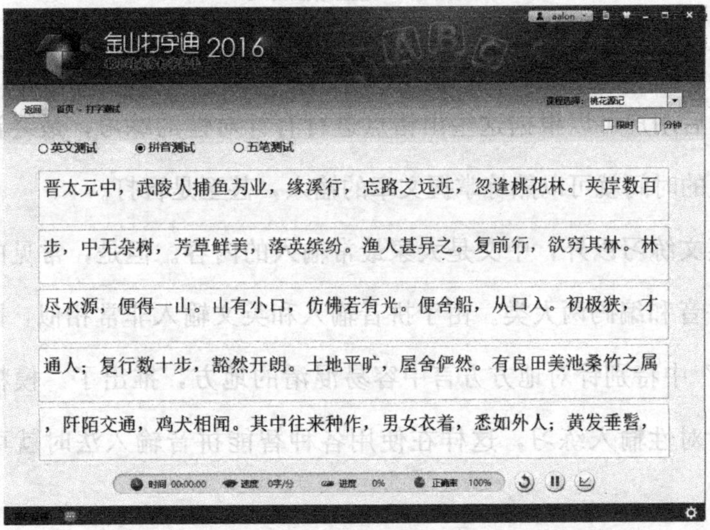

图 1.8　拼音打字测试

如果用户是一位电脑的初学者，连键盘上的按键位置都还不熟悉，那么就需要从英文输入开始练习，如图 1.9 所示。通过金山打字通 2016 中的“英文打字”，可以从最基本的手指放置，到开始每个手指所对应的键位练习，循序渐进地完成从单词输入到文章输入的过渡。

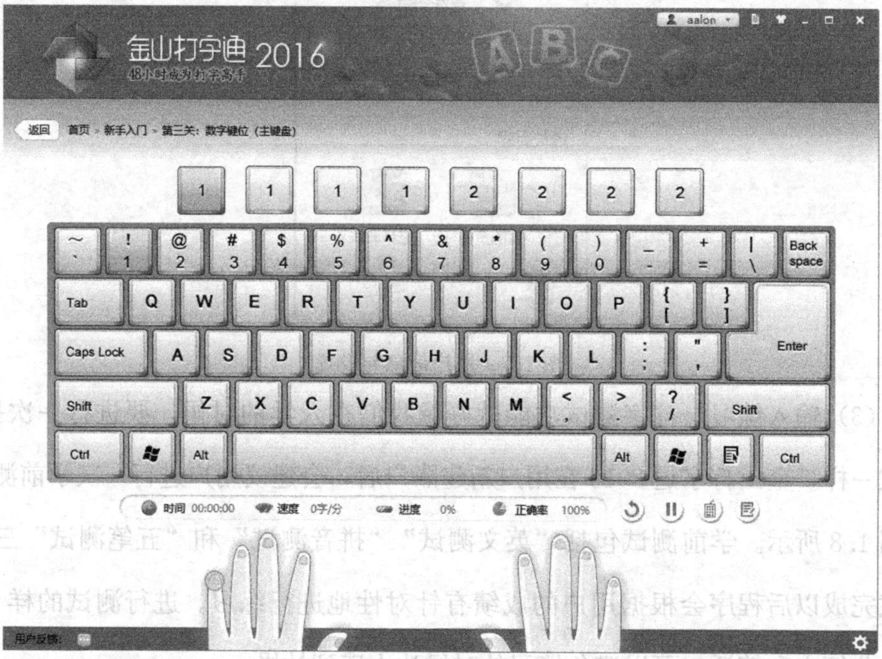

图 1.9 键盘指法练习

金山打字通 2016 还会根据用户的练习过程和成绩来生成用户经常输入错误的地方，然后用户可以根据这些出错点进行有针对性的练习，最终让一个初学者仅用很短的时间就可以熟练掌握文章的输入，甚至是盲打。

除了英文练习以外，中文是大家最常输入的内容。但是，常见的中文输入法又分为拼音和编码两大类。由于拼音输入和英文输入非常相似，因此软件在“音节练习”中特别针对地方方言中容易混淆的地方，推出了“模糊音和地方发言”的针对性输入练习，这样在使用各种智能拼音输入法时就可以运指如飞了。

(4) 寓教于乐。长时间的输入练习让人不免感到枯燥、乏味，如果能在游戏中学习就能让人轻松许多。金山打字游戏 2016 中为用户提供了生死时速、太空大战、鼠的故事、激流勇进、拯救苹果等 5 款打字游戏，这样大家可以根据自己的喜好在游戏中进行练习。

第2章 Windows应用

2.1 Windows 10操作系统的管理与维护

1. 知识要点

(1) Windows 10磁盘维护。

(2) Windows 10设置。

(3) Windows 10任务管理器。

2. 案例要求

(1) 熟练掌握Windows 10操作系统中磁盘维护的方法。

(2) 熟练掌握Windows 10操作系统中设置的使用。

(3) 熟练使用Windows 10操作系统中的任务管理器。

3. 案例实操

操作系统能够管理计算机中的所有硬件和软件资源，用户安装好Windows 10系统以后，就可以正常使用它。为了让计算机使用时保持良好的性能，用户可通过磁盘管理、Windows 10设置、任务管理器等工具对Windows 10系统进行管理和维护。

(1) Windows 10磁盘管理维护功能。一台计算机，用户需要熟悉其硬盘的数量和各磁盘容量、已经使用空间、剩余空间的情况。双击打开桌面上“此电脑”，单击“查看”→“布局”→“内容”，使窗口显示处于“内容”状态，即可看到各磁盘的大小、可用空间等内容，如图2.1所示。

计算机在使用过程中，磁盘可能出现因为用户的非正确操作、系统中断等原因或故障而引起错误，用户可通过磁盘自动查错、自动修复文件系统错误或扫描

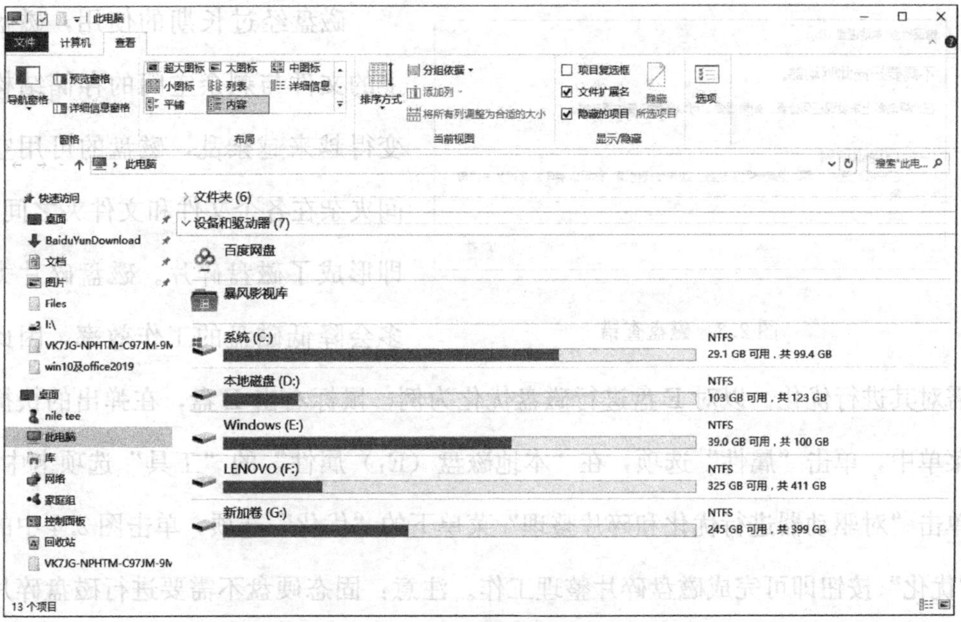

图 2.1 查看磁盘基本情况

并尝试恢复坏的扇区进行修复。以对 D 盘进行查错检测为例，鼠标右击 D 盘，在弹出的快捷菜单中，单击“属性”选项，在“本地磁盘（D:）属性”的“工具”选项卡中，单击“查错”菜单下的“检查”选项。如图 2.2 和图 2.3 所示。

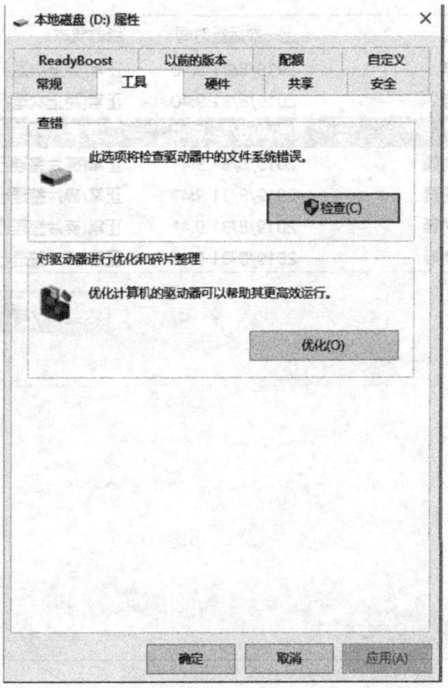

图 2.2 磁盘属性

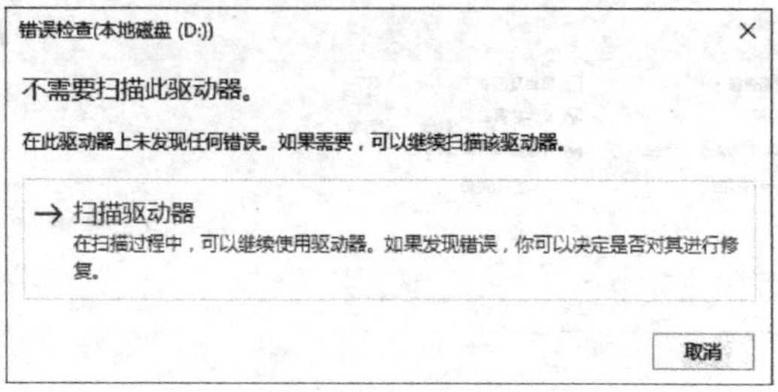

图 2.3 磁盘查错

磁盘经过长期的使用，磁盘上的文件与剩余空间的存储结构变得越来越杂乱，磁盘的可用空间夹杂在各个文件和文件夹之间，即形成了磁盘碎片。磁盘碎片太多会降低磁盘的工作效率，因此需对其进行优化。以对 E 盘进行磁盘优化为例，鼠标右击 E 盘，在弹出的快捷菜单中，单击“属性”选项，在“本地磁盘（E:）属性”的“工具”选项卡中，单击“对驱动器进行优化和碎片整理”菜单下的“优化”选项，单击图 2.4 中的“优化”按钮即可完成磁盘碎片整理工作。注意：固态硬盘不需要进行磁盘碎片整理。

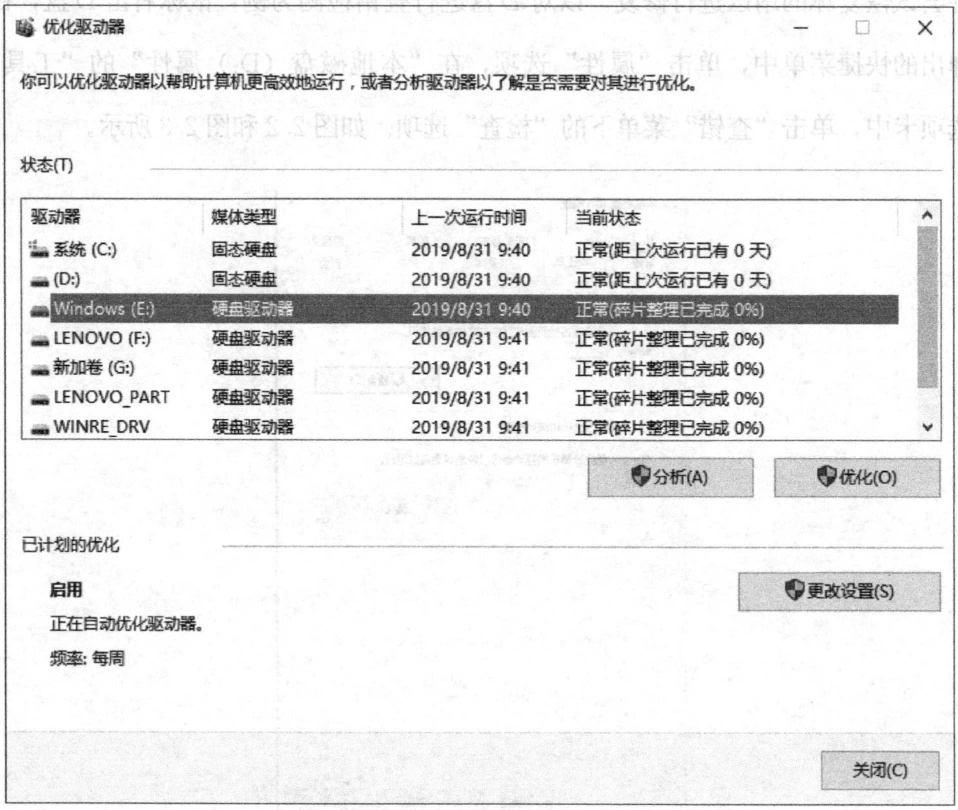

图 2.4 磁盘优化

（2）Windows 10 设置与系统维护。Windows 10 设置是各类系统设置管理于一体的应用，用户可通过 Windows 设置配置系统防火墙策略、查看硬件配置基本情况、更改管理员密码、设置屏幕保护和桌面背景等。通过系统管理，可以提高系统的安全性，同时使得计算机系统更符合自己的个性化。通过按 Win+I 组合键可打开 Windows 设置，如图 2.5 所示。

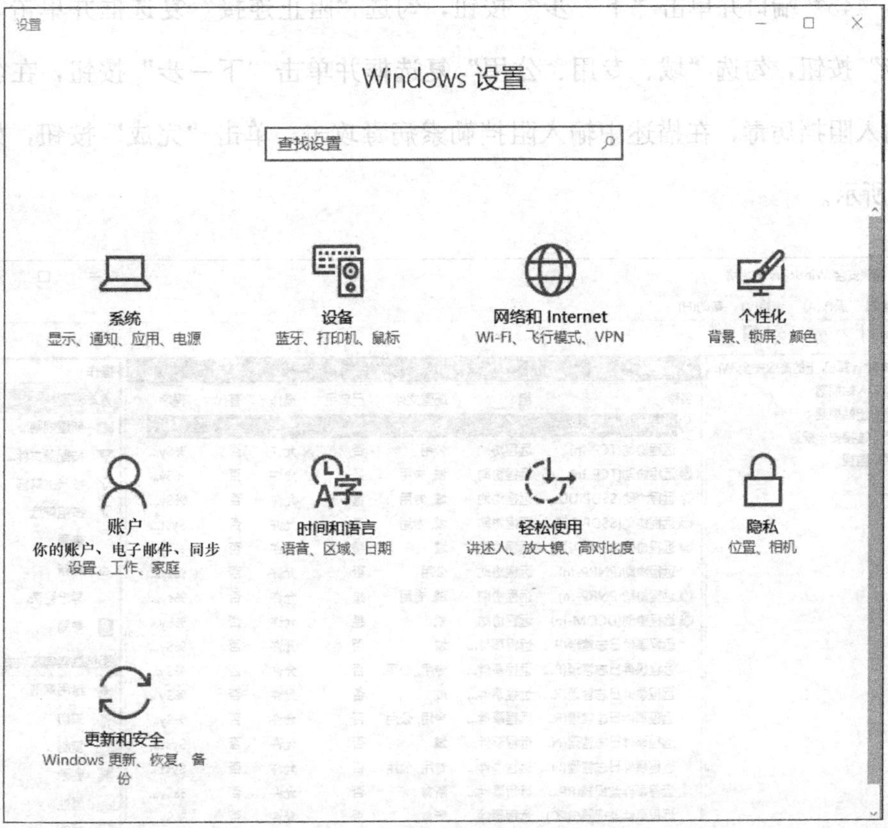

图 2.5　Windows 10 设置

1）配置 Windows 10 防火墙策略。启用 Windows 10 防火墙操作步骤：在"Windows 设置"对话框"查找设置"搜索框中输入"Windows 防火墙"，在"搜索结果"中单击"Windows 防火墙"，打开 Windows 防火墙设置窗口。单击"启用或关闭 Windows 防火墙"打开防火墙配置界面，在"专用网络设置"下选择"启用 Windows 防火墙"并勾选"Windows 防火墙阻断新应用时通知我"复选框，在“公用网络设置”下选择“启用 Windows 防火墙”并勾选“Windows 防火墙阻断新应用时通知我”，单击“确定”按钮。

配置 Windows 10 防火墙策略，以创建“阻挡勒索病毒攻击”为例，操作步骤：在“Windows 防火墙高级设置”中，单击“入站规则”，单击“新建规则”，勾选“端口”复选框并单击“下一步”按钮，在特定本地端口输入“135，137，139，445”端口并单击“下一步”按钮，勾选“阻止连接”复选框并单击“下一步”按钮，勾选“域、专用、公用”复选框并单击“下一步”按钮，在名称处输入阻挡病毒，在描述中输入阻挡勒索病毒攻击，单击“完成”按钮，如图 2.6 所示。

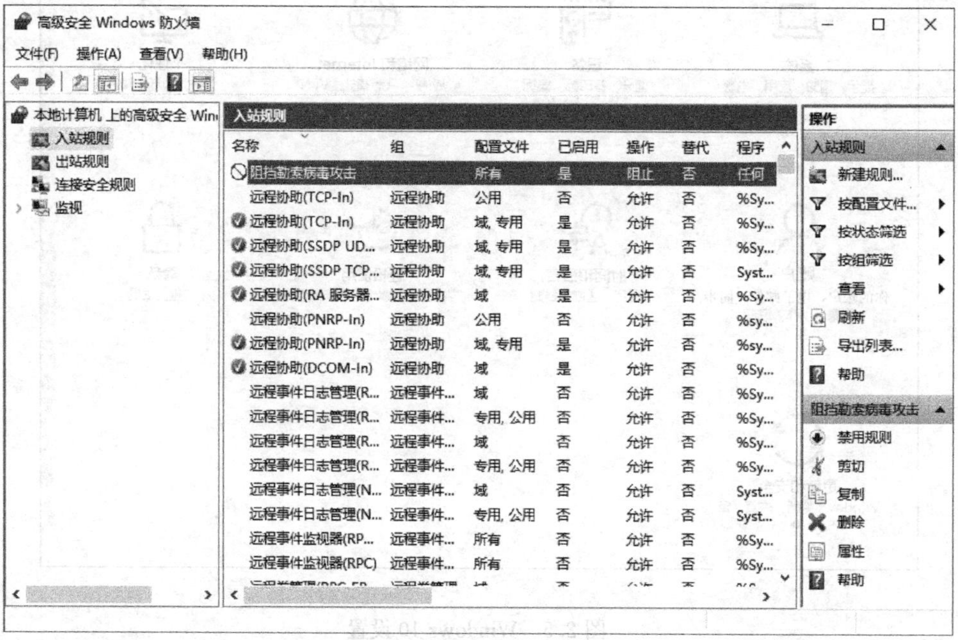

图 2.6 新建防火墙策略

2）查看 Windows 10 硬件基本情况。查看 Windows 10 硬件基本情况操作步骤：在“Windows 设置”对话框“查找设置”搜索框中输入“系统”，在“搜索结果”中单击“系统”，打开 Windows 系统配置窗口，即可看到计算机的 CPU 类型、内容容量、计算机名称、操作系统版本等信息，如图 2.7 所示。

图 2.7 系统硬件信息

在“系统”窗口中单击“设备管理器”，即可查看计算机的显卡、网卡、声卡和 CPU 等主要设备型号信息，如图 2.8 所示。

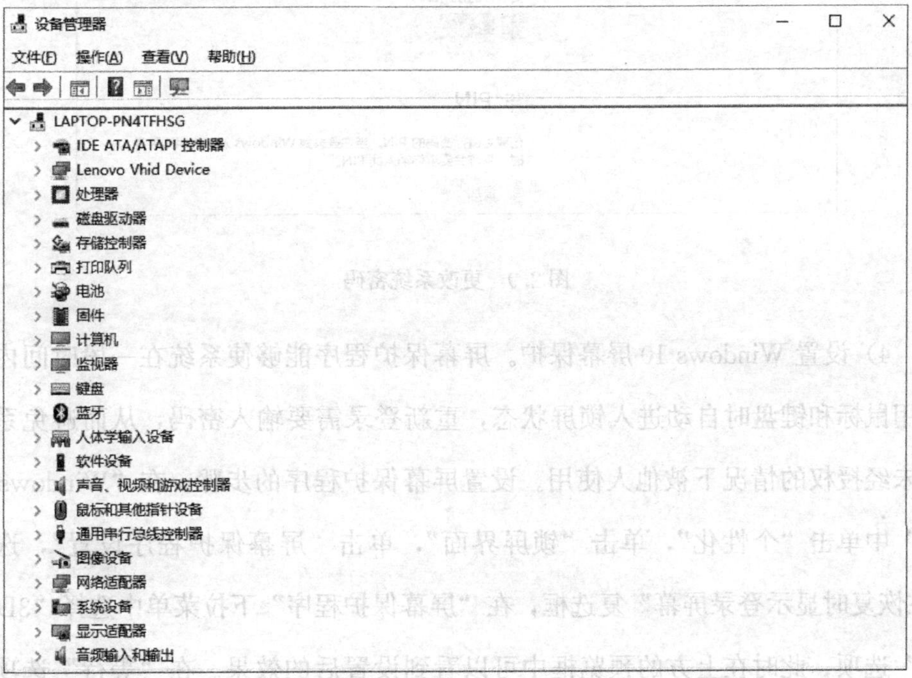

图 2.8 设备管理器

3）更改管理员密码。Windows 10 系统安装完成后，系统自动创建了名为 Administrator 的账户，为了提高系统的安全性，需要定期更改密码（更改时间不超过 3 个月）。操作步骤：在“Windows 设置”界面单击并进入“账户”，单击“登录选项”选项，单击“密码”选项区域下的“更改”按钮，输入新设置的密码即可，如图 2.9 所示。一个相对安全的密码应包含大写字母、小写字母、数字、特殊字符，密码长度应不低于 8 位，且更改周期不应超过 3 个月。

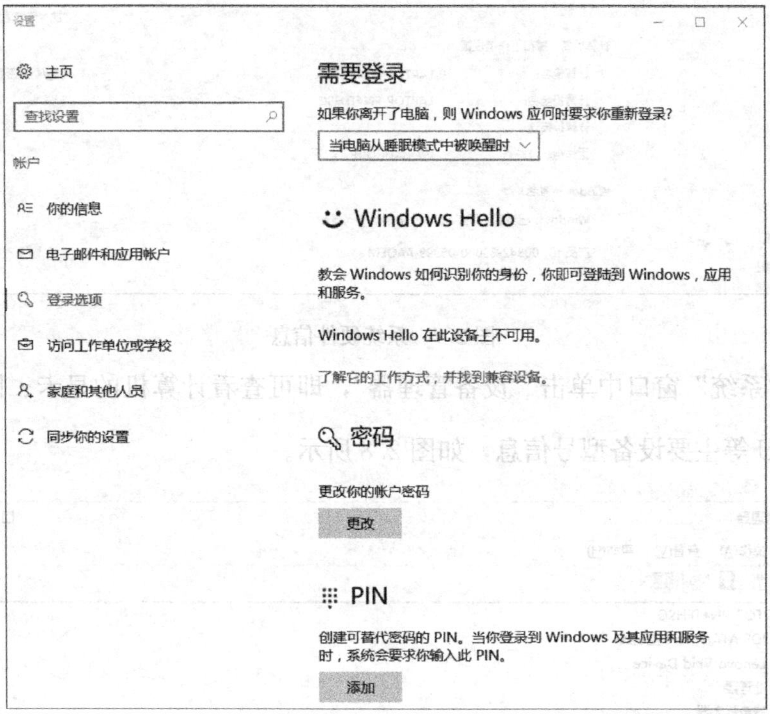

图 2.9 更改系统密码

4）设置 Windows 10 屏幕保护。屏幕保护程序能够使系统在一段时间内未使用鼠标和键盘时自动进入锁屏状态，重新登录需要输入密码，从而避免系统在未经授权的情况下被他人使用。设置屏幕保护程序的步骤：在“Windows 设置”中单击“个性化”，单击“锁屏界面”，单击“屏幕保护程序设置”，选中“在恢复时显示登录屏幕”复选框，在“屏幕保护程序”下拉菜单中选择“3D 文字”选项，此时在上方的预览框中可以看到设置后的效果。在“等待”选项卡中设置等待的时间，建议设置为 3 分钟，设置完成后，单击“确定”按钮。设置完成后，如果用户在 3 分钟内没有对计算机进行任何操作，系统将进入自动锁屏。再次进入系统需要输入密码。

5）设置 Windows 10 桌面背景。Windows 10 系统用户可以将桌面背景设置为自己喜欢的图片，操作步骤：在“Windows 设置”中单击“个性化”，单击“背景”，在“背景”下拉菜单中将类型设置为图片，然后单击“选择图片”下方的“浏览”按钮，打开“打开”对话框，选择图片所在的文件夹，单击需要设置为背景的图片，单击“选择图片”按钮，返回“设置—个性化”窗口，即可查看预览的效果。

（3）Windows 10 任务管理与维护。Windows 10 任务管理器提供了有关计算机性能的信息，并显示了计算机上所运行的程序和进程的详细信息。用户可通过在“开始”中单击“任务管理器”，或通过快捷键 Win＋X＋T 组合键打开任务管理器。如果需要关闭某应用程序，可以在任务管理器面板上选中该应用程序，单击右下角的“结束任务”即可，如图 2.10 所示。

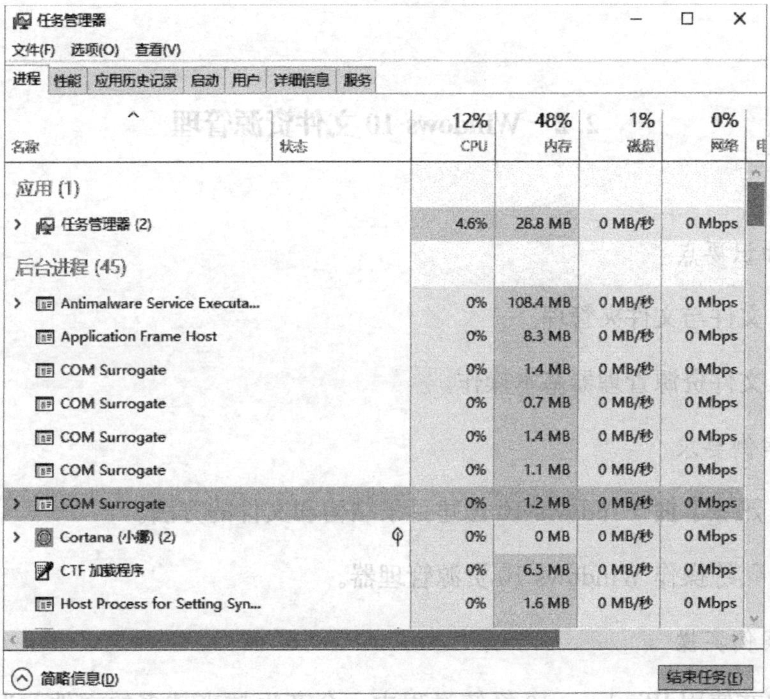

图 2.10　任务管理器——进程

在“性能”选项卡下，可以查看各项性能实时数据，如图 2.11 所示。

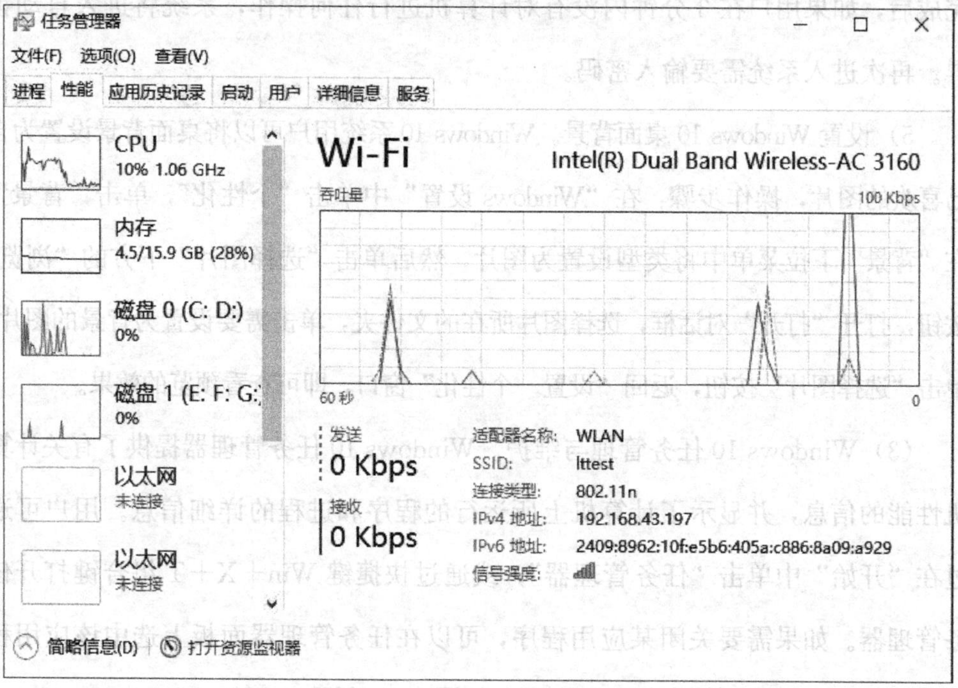

图 2.11 任务管理器——性能

2.2 Windows 10 文件资源管理

1. 知识要点

（1）文件与文件夹管理。

（2）文件资源管理器基本操作。

2. 案例要求

（1）熟练掌握 Windows 10 创建目录结构和文件的方法。

（2）熟练操作 Windows 10 资源管理器。

3. 案例实操

用户在使用 Windows 10 系统过程中，会产生越来越多的文件，为了科学、有效地管理操作系统中的文件，需要对文件进行分类存放，对重要文件进行备份。通常，C 盘作为系统盘，主要用于存放安装系统软件和各类应用程序；个人数据文件可存放在其他盘符，比如，将 D 盘用于存放工作文件，E 盘存放学习文件，F 盘存放娱乐文件。

(1) 在 D 盘根目录下新建一个文件夹，将其重命名为“工作”：鼠标双击 D 盘，在空白处右击，在弹出的快捷菜单中选择“新建”→“文件夹”命令，完成一个“新建文本夹”的创建，此时文件夹名处于可编辑状态，输入文件夹名“工作”后即可完成新建。与此类似，在 E 盘根目录下新建一个文件夹，将其重命名为“学习”；在 F 盘根目录下新建一个文件夹，将其重命名为“娱乐”。

(2) 在 D 盘“工作”文件夹下用“记事本”创建名为“工作调休申请”的文本文件：在“工作”文件夹窗口的空白处右击，在弹出的快捷菜单中选择“新建”→“文本文档”命令，完成一个“新建文本文档”的创建，此时文件名处于可编辑状态，用户输入“工作调休申请”后即可完成新建，如图 2.12 所示。

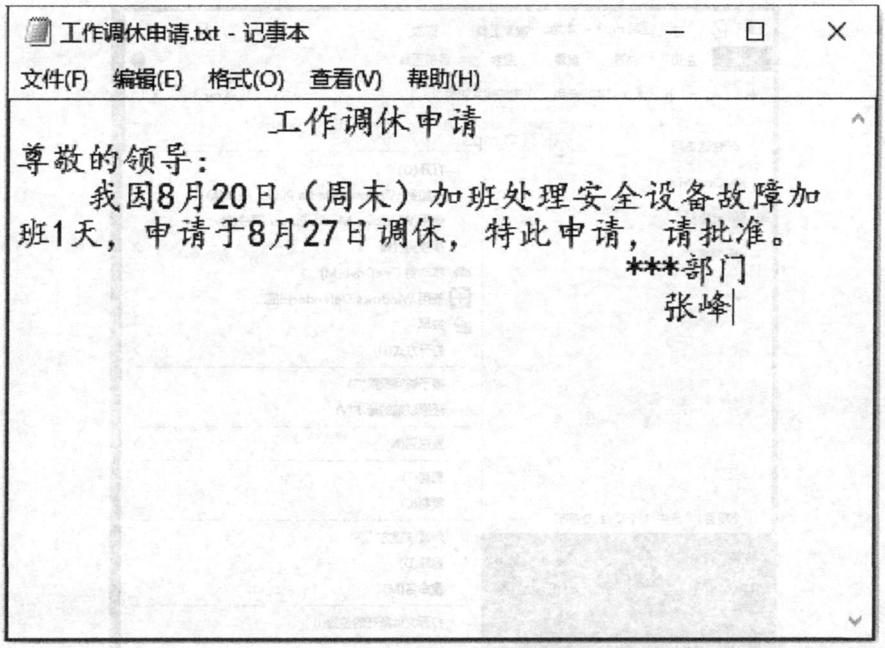

图 2.12　新建文本文档

(3) 在D盘"工作"文件夹下创建计算器的快捷方式：在"工作"文件夹窗口的空白处右击，在弹出的快捷菜单中选择"新建"→"快捷方式"命令，在"创建快捷方式"对话框中输入计算器的位置C：\ Windows \ System32 \ calc. exe，单击"下一步"按钮，在"输入该快捷方式的名称"中输入"计算器"，单击"完成"按钮。

(4) 在E盘"学习"文件夹下分别新建"大学英语""大学数学""大学美术"三个文件夹。在"大学美术"文件夹下新建"画作1. png"图片文件：在"开始"菜单中搜索"画图"程序并双击将其打开，绘制好图片后，单击"文件"→"保存"选项，在路径栏输入"E：\ 大学美术"，文件类型选择png，文件名输入"画作1"，单击"保存"按钮。

(5) 将C盘中的"江南 . mp3"文件移动到F盘的"娱乐"文件夹下：打开文件资源管理器并进入C盘根目录下，在右上角搜索框中输入"江南 . mp3"，如图2. 13所示。选中文件资源管理器中列出的搜索结果"江南 . mp3"，鼠标右

图2. 13 搜索文件

键单击并选择“剪切”菜单。打开文件资源管理器并进入 F 盘“娱乐”文件夹，在文件资源管理器右边空白处鼠标右键单击并选择“粘贴”菜单。

(6) 将 C 盘 Windows 文件夹属性设置为隐藏：打开文件资源管理器并进入 C 盘根目录下，鼠标右键单击 Windows 文件夹并选择“属性”菜单，在弹出的“Windows 属性”对话框中，勾选属性下的“隐藏”选项，单击“确定”按钮即可。通过在各个磁盘创建文件和文件夹后，系统目录结构如图 2.14 所示。

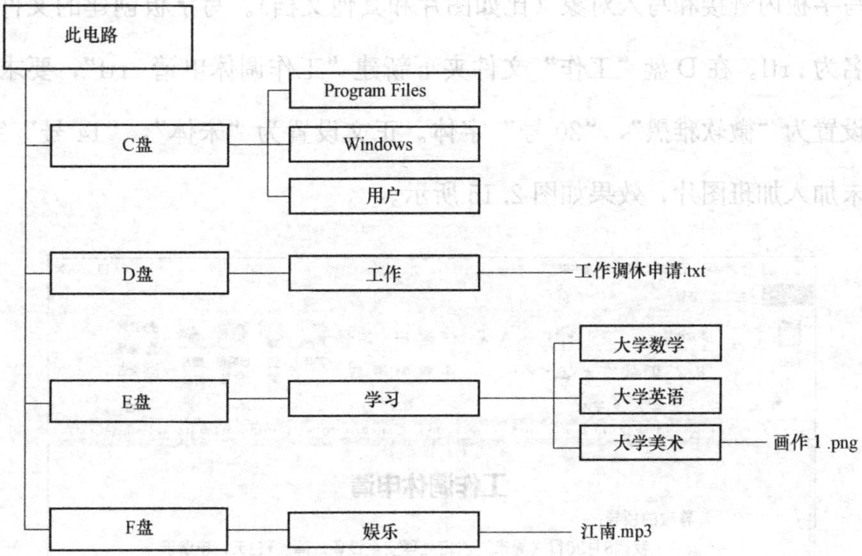

图 2.14　系统目录结构

2.3　Windows 10 常用软件的使用

1. 知识要点

(1) 写字板的使用。

(2) 计算器的使用。

(3) 画图的使用。

（4）截图软件的使用。

2. 案例要求

熟练掌握 Windows 10 系统中写字板、计算器、画图、截图软件的使用方法。

3. 案例实操

（1）写字板。写字板是一种可以用来创建和编辑文档的文本编辑程序，它不仅具有记事本简单的文字记录功能，还能够包括复杂的格式和图形，并且可以在写字板内链接和写入对象（比如图片和其他文档）。写字板创建的文件默认后缀名为 .rtf。在 D 盘“工作”文件夹下新建“工作调休申请 .rtf”，要求标题字体设置为“微软雅黑”，“20 号”字体。正文设置为“宋体”，“14 号”字体。在文末加入加班图片，效果如图 2.15 所示。

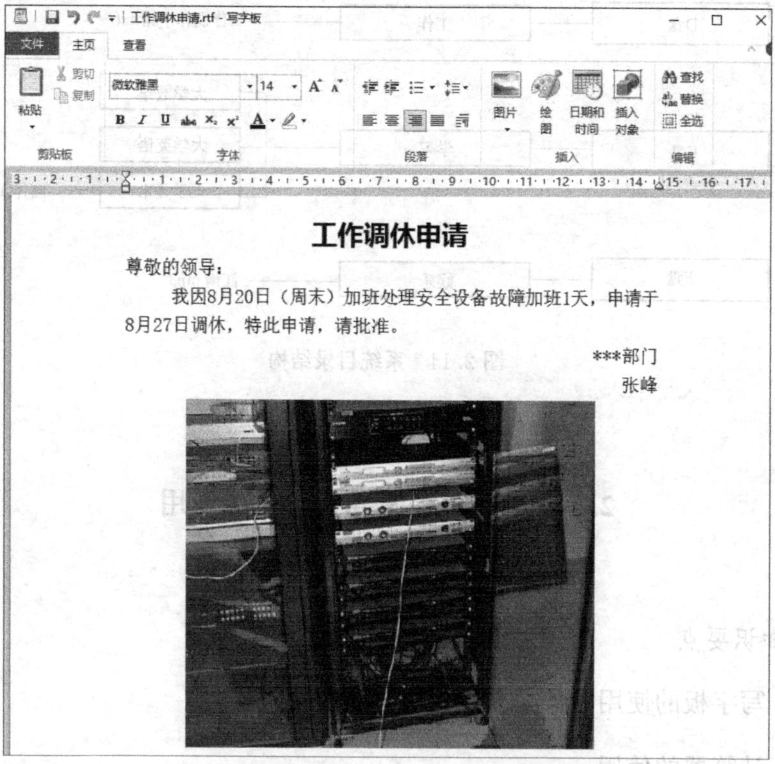

图 2.15　新建写字板文件

（2）计算器。Windows 10 中的计算器包括标准、科学、程序员和日期计算四种模式，用户可用计算器快速进行加、减、乘、除等简单运算，以及三角函数、对数、进制转换、逻辑运算等复杂的运算。使用计算器计算十进制数 100 转换为二进制、八进制、十六进制：在“开始”菜单中搜索 calc. exe 并用鼠标双击打开，将左上角模式选为“程序员”，鼠标单击 DEC（十进制），输入数字“100”，在“BIN（二进制）”一栏即可看到结果为 01100100，在“OCT（八进制）”一栏即可看到结果为“144”，在“HEX（十六进制）”一栏即可看到结果为“64”，如图 2. 16 所示。

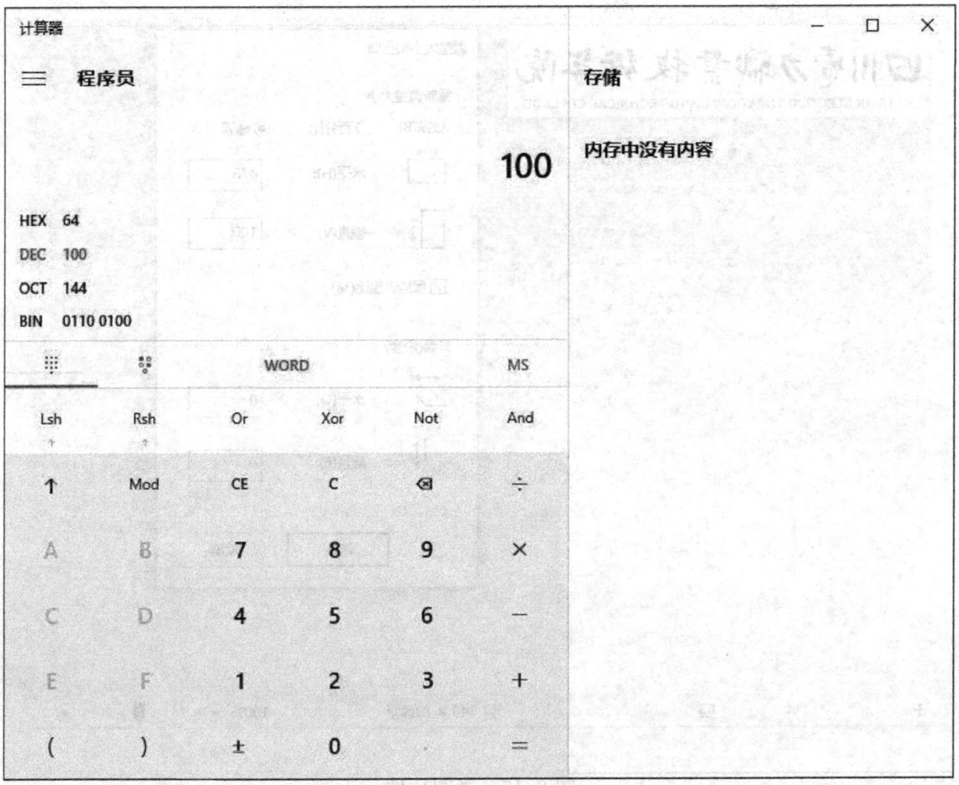

图 2. 16　计算器

（3）画图。Windows 10 字体自带的画图应用程序可以绘制、编辑图片，为图片着色，或重新调整图片大小。将 D 盘“工作”文件夹下的“四川电力职业技术学院.png”图片像素调整为“478 * 100”：打开文件资源管理器并进入D盘“工作”文件夹，鼠标右键单击“四川电力职业技术学院.png”，在弹出的快捷菜单“打开方式”中选择“画图”，单击“主页”→“图像”→“重新调整大小”，在“调整大小和扭曲”对话框中单击“像素”，水平输入“478”，垂直输入“100”，如图2.17所示。

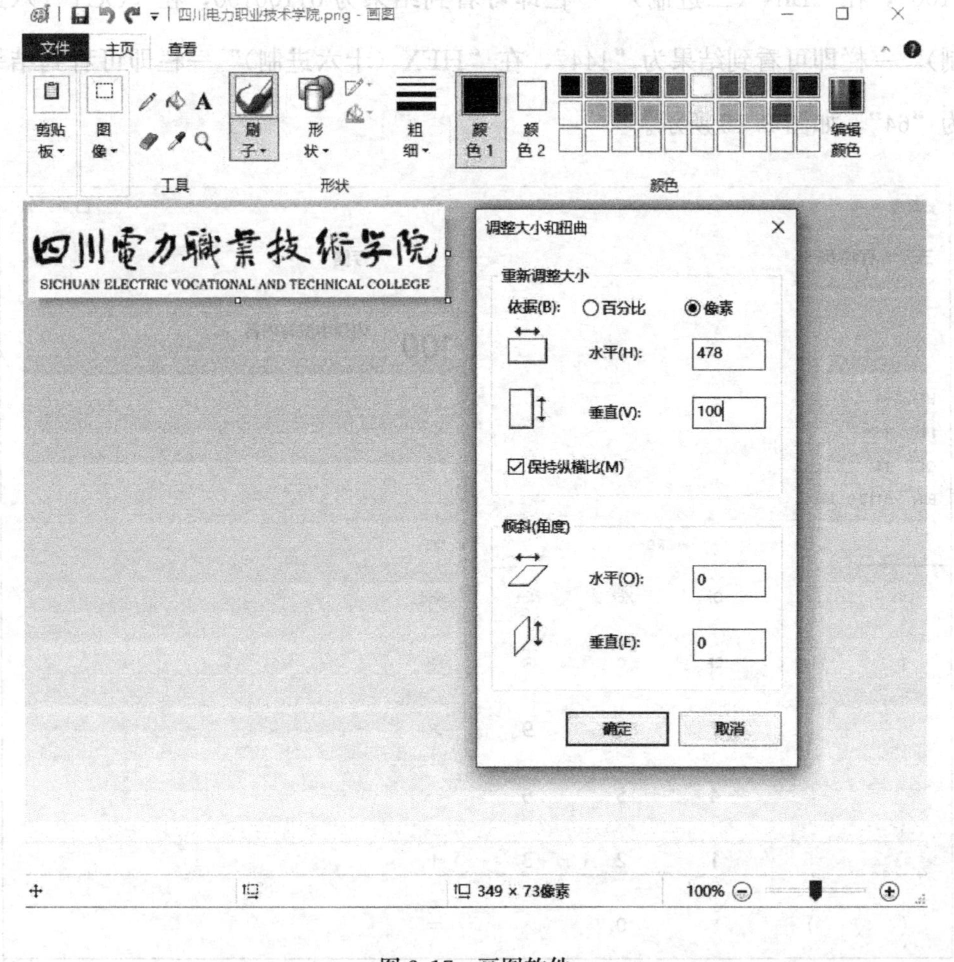

图2.17　画图软件

（4）截图软件。截图软件可以将Windows 10中的图像截取并保存为图片文件，同时可以在标记窗口中添加注释、保存或共享该截图。Windows 10的截图软件可以捕获任意格式截图、矩形截图、窗口截图、全屏幕截图。用截图软件截取桌面背景并标注为“桌面”后保存到 D 盘“工作目录”：在“开始”菜单中搜索“截图”并用鼠标双击打开，单击“新建”选项，按住鼠标左键并拖动鼠标直至裁剪的矩形区域覆盖完整个桌面松开鼠标左键，按住鼠标左键拖拽出文字“桌面”，单击“文件”下拉菜单选择“另存为”选项，在“路径”栏输入“D：\工作”，文件类型选择“jpg”，文件名输入“桌面”，单击“保存”按钮，如图 2.18 所示。

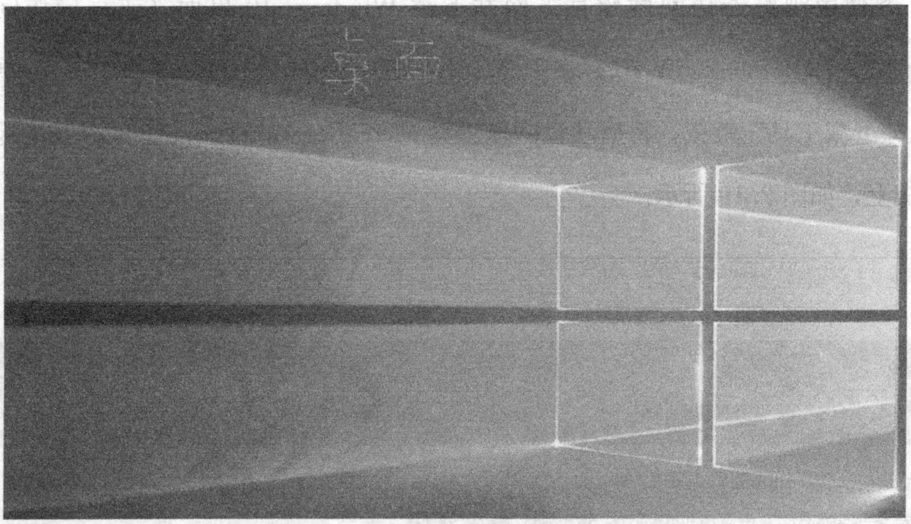

图 2.18　截图软件

2.4　Windows 10 操作系统启动盘的制作（课外实训）

1. 知识要点

Windows 10 操作系统启动盘制作流程。

2. 案例要求

（1）会使用微软官方工具制作 Windows 10 启动盘。

（2）能够手动下载 Windows 10 镜像文件并在本地制作启动盘。

3. 案例实操

(1) 使用微软官方工具制作 Windows 10 启动盘。

准备工作：

存储容量为 8GB 及以上的 U 盘一个。

能够访问互联网的 Windows 系统电脑一台。

制作过程：

➢使用浏览器访问微软官方网站下载 Windows 10 界面（或直接访问：https://www. microsoft. com/zh - cn/software - download/Windows 10），单击“立即下载工具”链接，将启动盘制作工具 MediaCreationToo. exe 保存到本地计算机上，如图 2. 19 所示。

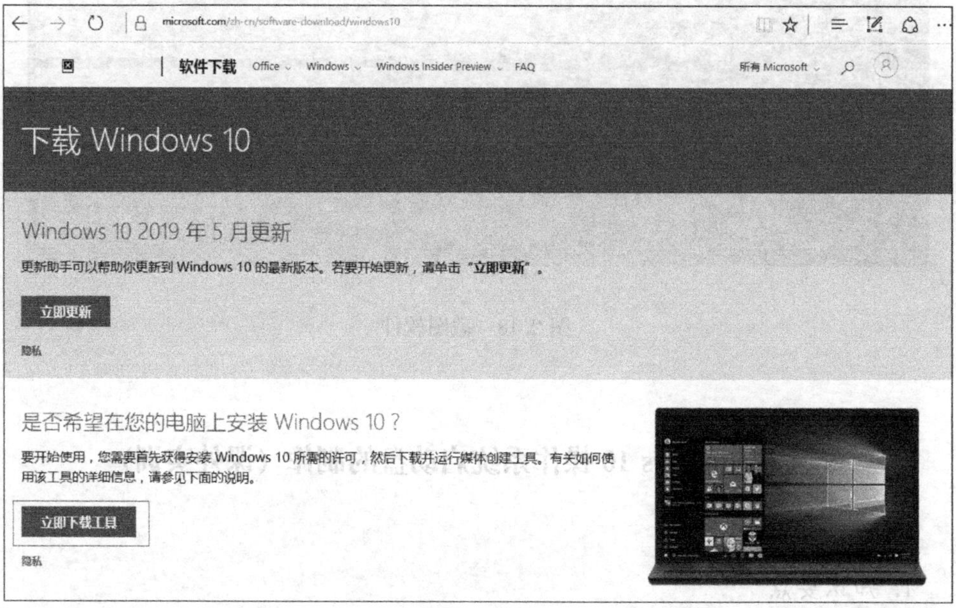

图 2. 19　下载启动盘制作工具

➢待工具下载完成后，双击运行该工具，在“你想执行什么操作?”中勾选“为另一台电脑创建安装介质（U 盘、DVD 或 ISO 文件）”复选框单击“下一步”按钮，如图 2. 20 所示。

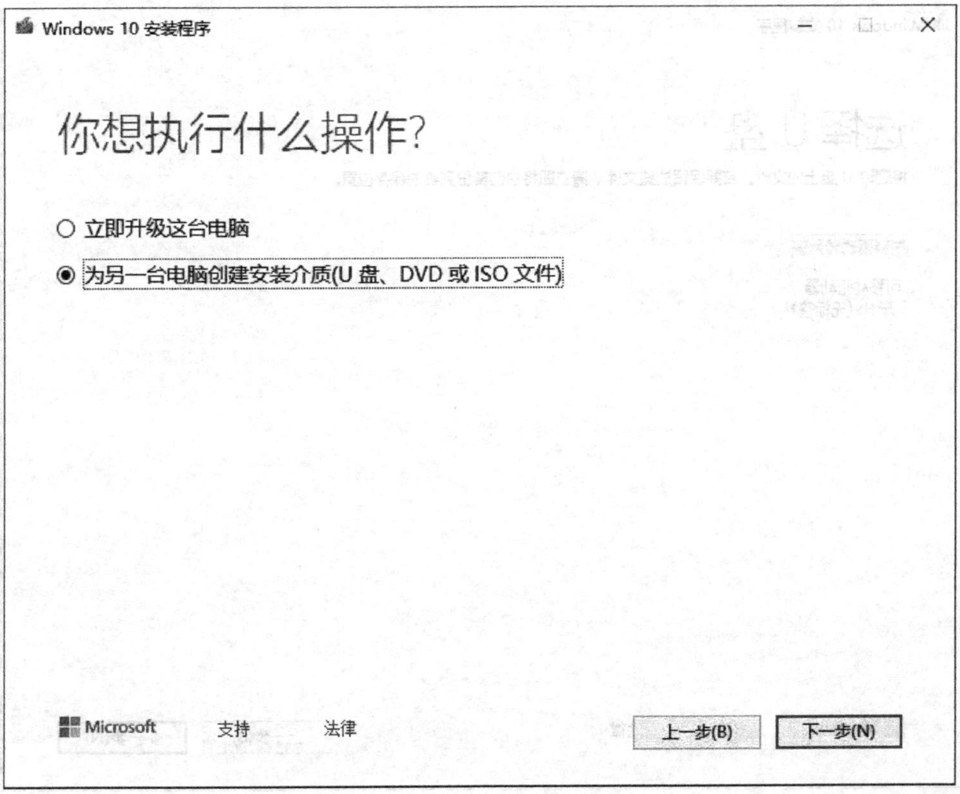

图 2.20 制作启动盘

➢根据提示选择系统版本、语言、安装介质类型、U 盘，选定之后单击“下一步”按钮，如图 2.21 所示。

➢配置好以上选项后，系统会在线下载最新版本的 Windows 10 系统装进 U 盘，具体时间根据网络速度决定，完成之后 Windows 10 启动盘即制作完成。

(2) 手动下载 Windows 10 镜像文件本地制作启动盘。

准备工作：

存储容量为 8GB 及以上的 U 盘一个；

Windows 系统电脑一台；

USB 启动盘制作工具——Rufus。

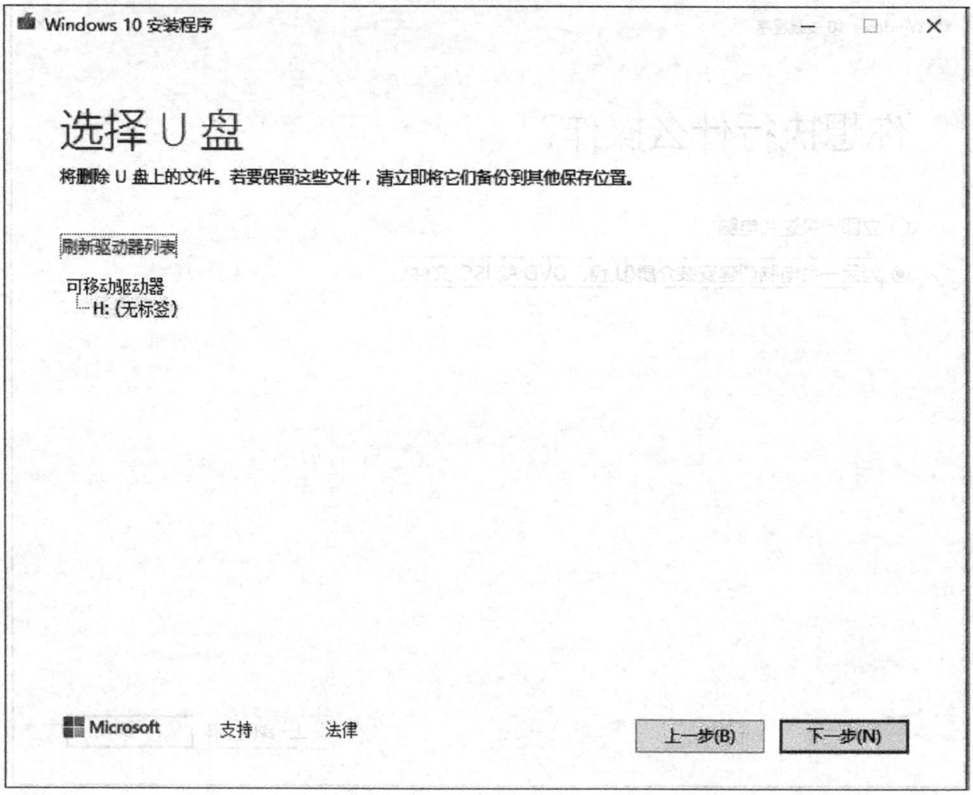

图 2.21 选择盘符

制作过程：

➢从互联网上下载最新的 Windows 10 系统正式版原版镜像（推荐下载地址：https：//msdn. itellyou. cn/)，注意区分下载的系统是 64 位，还是 32 位版本，同时把对应的 SHA1 复制下来，以便下载完成后校验镜像文件。

➢用 Rufus 制作 Windows 10 启动盘。在 U 盘连接至电脑之后，以管理员身份运行 Rufus，程序会自动检测到插入的 U 盘，在“分区类型”F 栏列表中，默认选择“MBR”，可以适用绝大多数新老电脑，如图 2.22 所示。

➢可以单击“开始”按钮制作启动盘。由于镜像文件已经手动下载，所以这种方法制作启动盘的时间要快很多，进度条满，即 Windows 10 启动盘制作完毕。

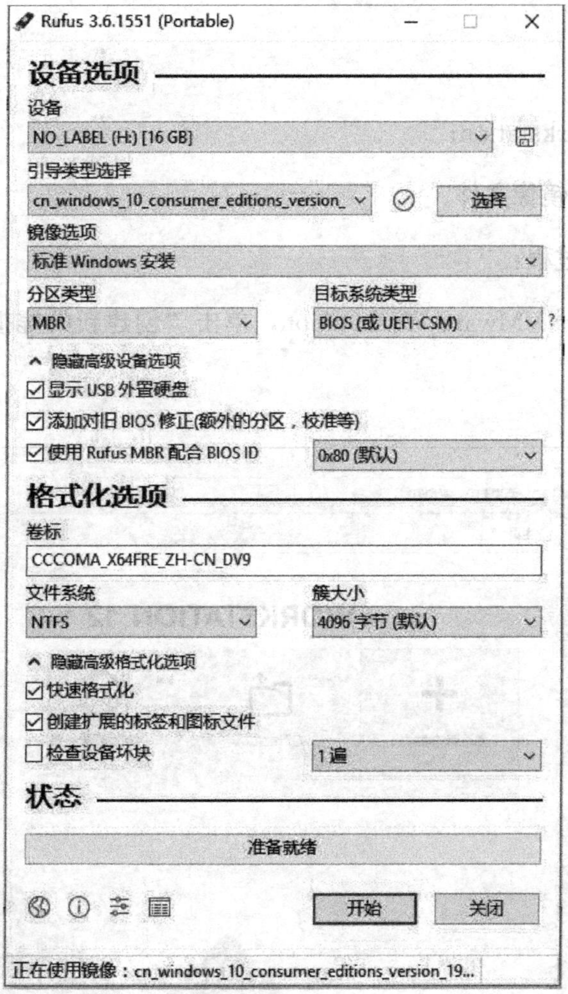

图 2.22　Rufus 制作 Windows 10 启动盘

2.5　Windows 10 操作系统的安装（课外实训）

1. 知识要点

安装 Windows 10 操作系统。

2. 案例要求

使用 VMware 虚拟软件安装 Windows 10 系统。

3. 案例实操

准备工作：

VMware Workstation；

Windows 10 镜像文件。

虚拟机创建过程：

第 1 步：打开 VMware Workstation，单击“创建新的虚拟机”，如图 2.23 所示。

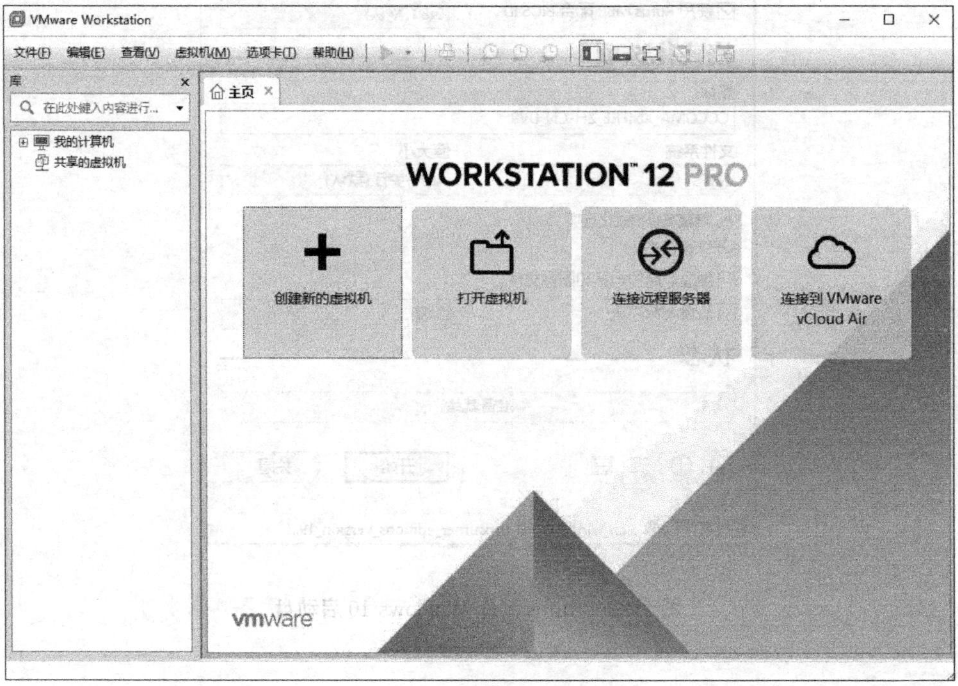

图 2.23 创建虚拟机

第 2 步：新建虚拟机向导自动开启，在“您希望使用什么类型的配置”下单击“典型”单选项，单击“下一步”按钮，如图 2.24 所示。

第 3 步：在“安装来源”中单击“安装程序光盘映像文件 (iso)”单选项，并单击“浏览”按钮，选择 Windows 10 系统镜像，单击“下一步”按钮，如图 2.25 所示。

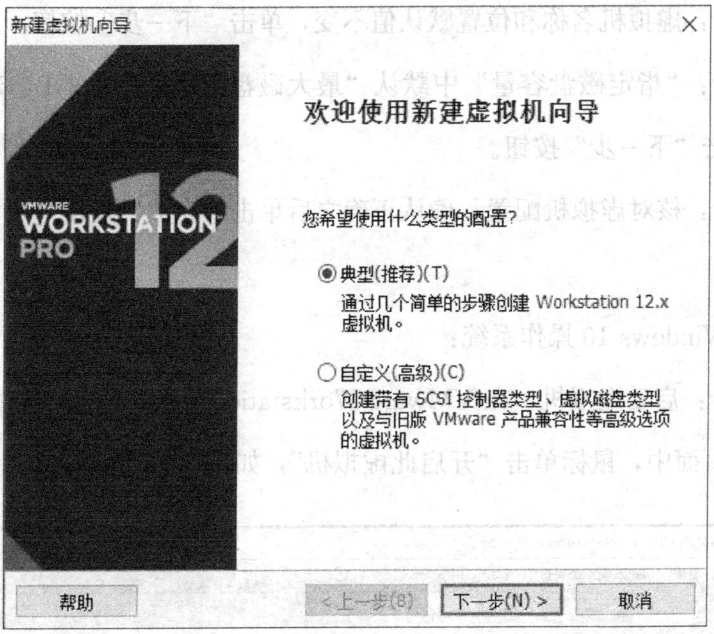

图 2.24　虚拟机配置

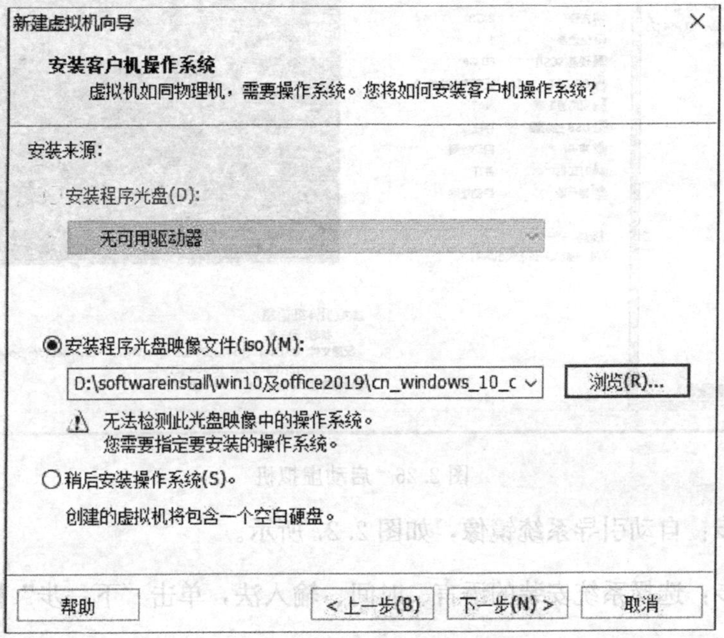

图 2.25　选择光盘镜像

第 4 步：客户机操作系统选择 Microsoft Windows，版本选择 Windows 10，单击“下一步”按钮。

第 5 步：虚拟机名称和位置默认值不变，单击“下一步”按钮。

第 6 步：“指定磁盘容量”中默认“最大磁盘大小”为 60GB，建议增加至 80GB，单击“下一步”按钮。

第 7 步：核对虚拟机配置，确认正确之后单击“完成”按钮即可完成虚拟机的创建。

安装 Windows 10 操作系统：

第 1 步：启动虚拟机，在 VMware Workstation 界面中刚才创建的 Windows 10 虚拟机页面中，鼠标单击“开启此虚拟机”，如图 2.26 所示。

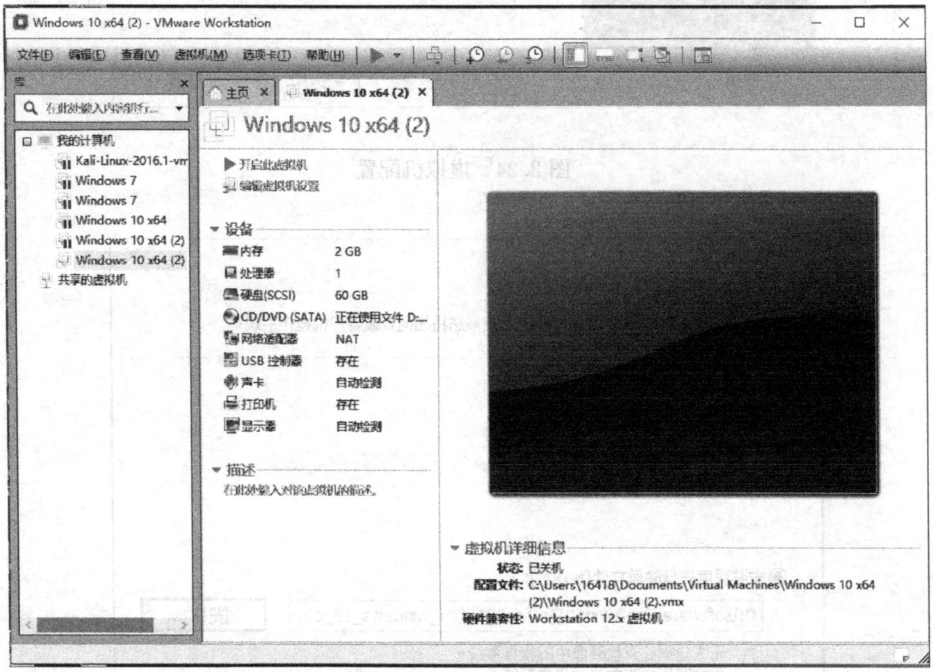

图 2.26　启动虚拟机

第 2 步：自动引导系统镜像，如图 2.27 所示。

第 3 步：选择系统安装的语言、时间、输入法，单击“下一步”按钮，单击“现在安装”按钮。

第 4 步：选择要安装的操作系统为“Windows 10 教育版”，单击“下一步”按钮。勾选“我接受许可条款”复选框并单击“下一步”按钮，如图 2.28 所示。

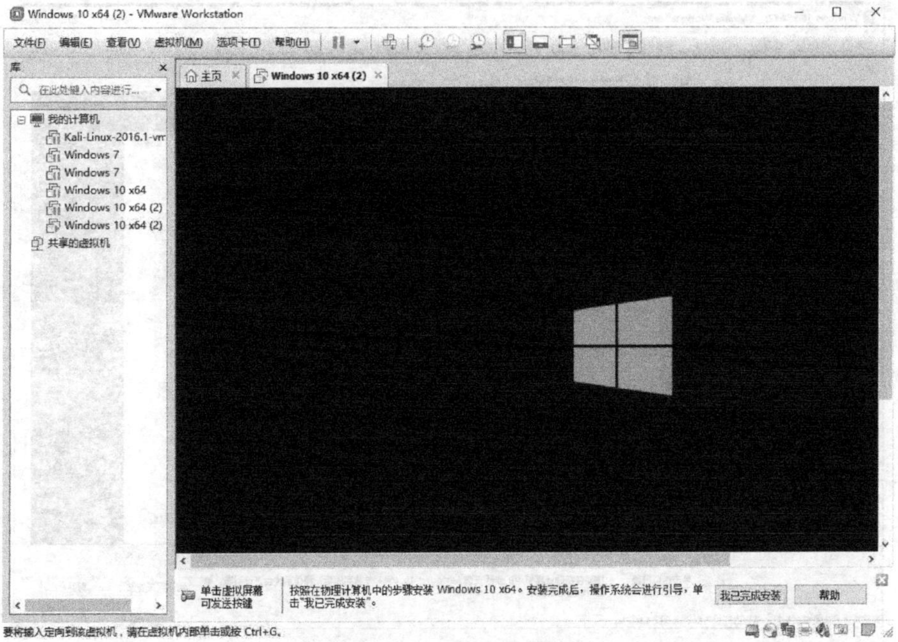

图 2.27　引导系统镜像

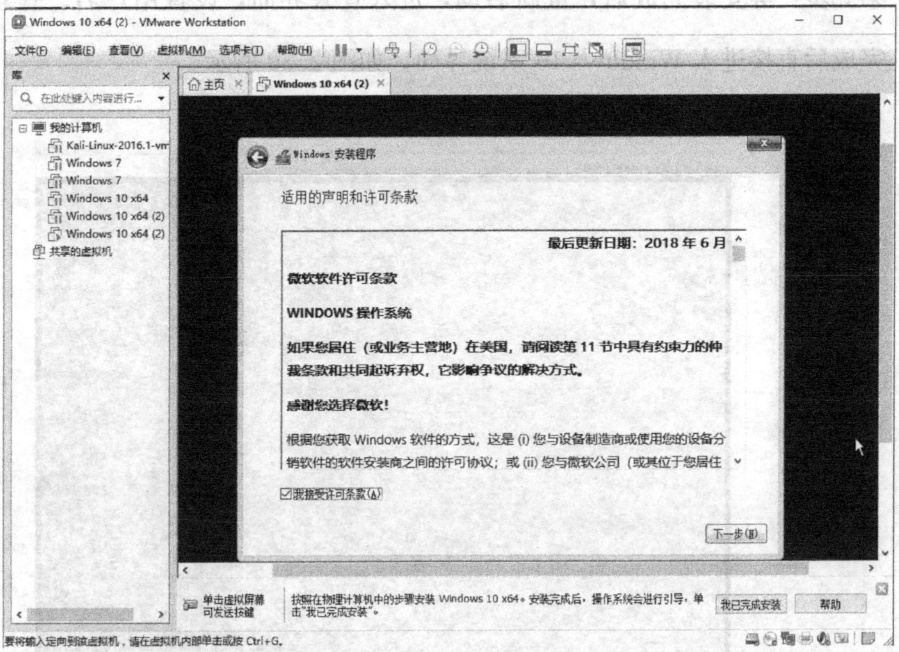

图 2.28　系统安装条款

第 5 步：选择安装位置时，默认选择“驱动器 0 未分配的空间”，单击“下一步”按钮，如图 2.29 所示。

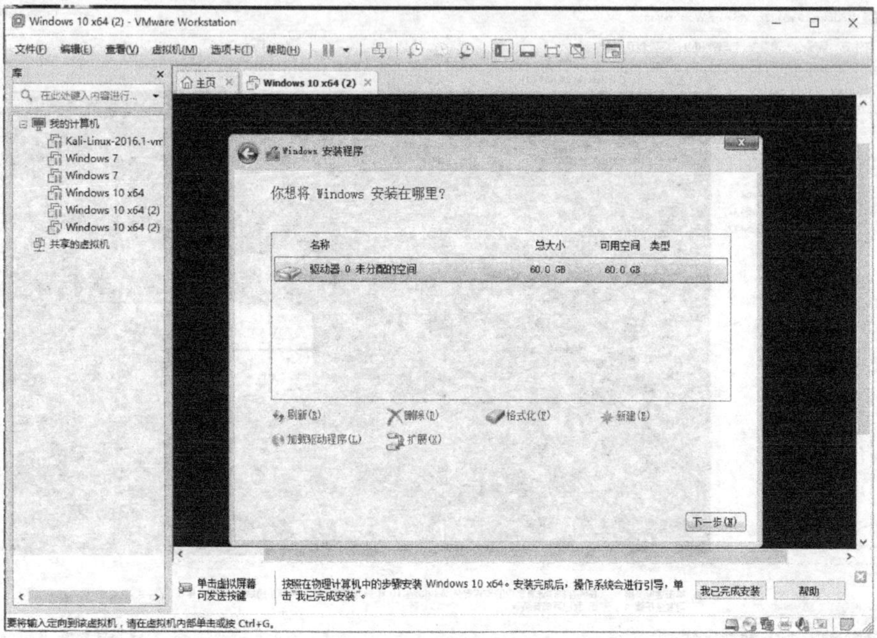

图 2.29 系统分区

第 6 步：等安装完成后，重新启动，进入登录界面，设置用户名、登录密码，完成后直接进入 Windows 10 系统界面，如图 2.30 所示。

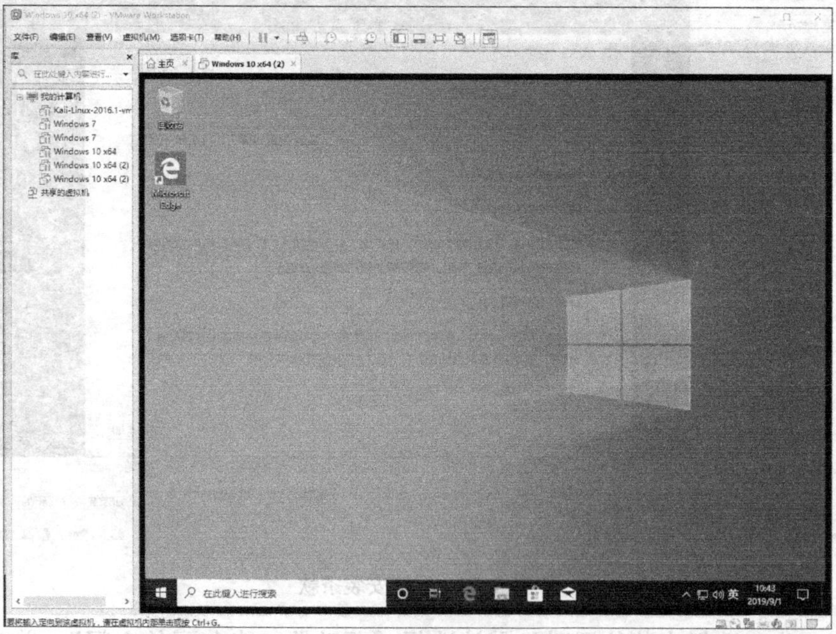

图 2.30 Windows 10 系统界面

第 3 章　计算机网络基础

3.1　TCP/IP 网络设置

3.1.1　知识要点

（1）IP 地址的组成和分类。

（2）子网和子网掩码。

（3）DHCP 协议。

（4）域名系统。

3.1.2　案例要求

（1）熟练掌握本地计算机的 TCP/IP 设置。

（2）掌握常见网络命令工具的使用。

3.1.3　案例实操

1. 本地计算机的 TCP/IP 设置

在“开始”菜单中单击“Windows 系统”，打开“控制面板”，单击“网络和 Internet”进入网络和共享中心，选择“更改适配器设置”选项，如图 3.1 所示。

图 3.1　更改适配器设置

右键单击某个网络适配器（如 WLAN）打开“网络连接属性”对话框，如图 3.2 所示。

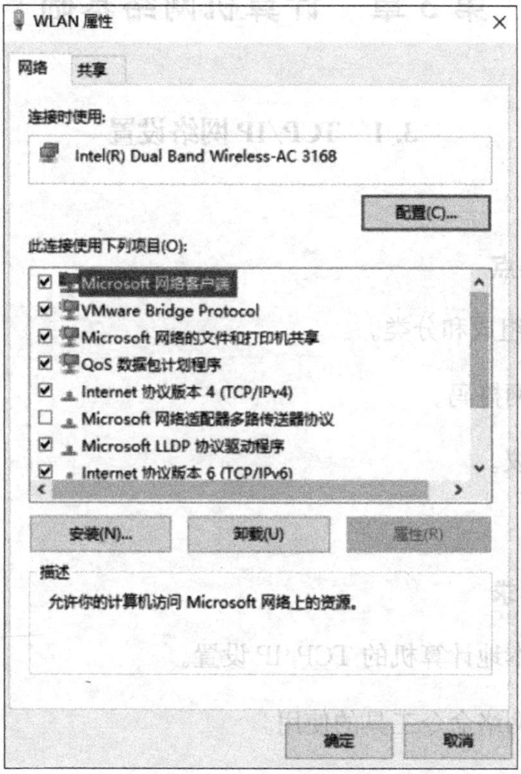

图 3.2　网络连接属性

双击 Internet 协议版本 4（TCP/IPv4），可根据实际情况由网络自动分配或者手动设置 IP 地址和 DNS 服务器地址，如图 3.3、图 3.4 所示。

2. ping 命令的使用

ping 命令可以用来检查网络是否连通，以便帮助用户分析和判定网络故障。其基本应用格式：ping＋IP 地址（或域名地址），按 Win＋R 组合键弹出“运行”对话框，输入“cmd”后按 Enter 键，即可打开“命令提示符”。图 3.5 呈现的是测试本机与百度网（www. baidu. com）域名地址连通的结果，由图可知，本地计算机向百度网站发送默认 32B 的数据包，时间表示从发出数据包到接收到返回数据包所用的时间，TTL 表示生存时间值，该字段指定 IP 包被路由器丢弃

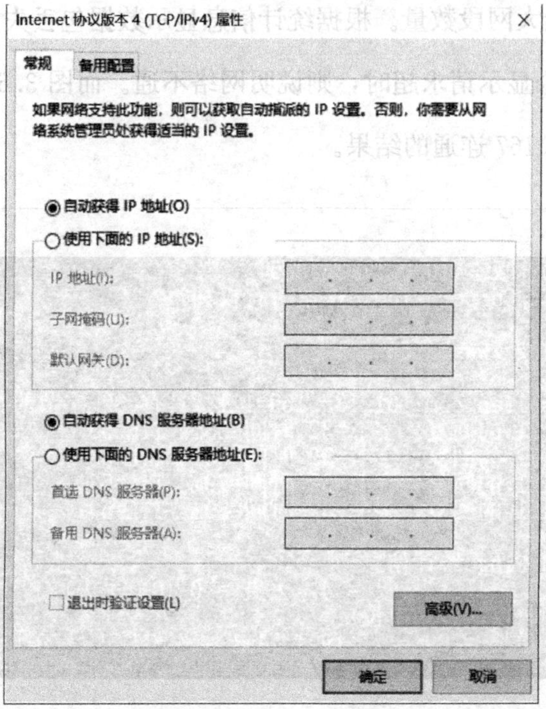

图 3.3　自动获取地址

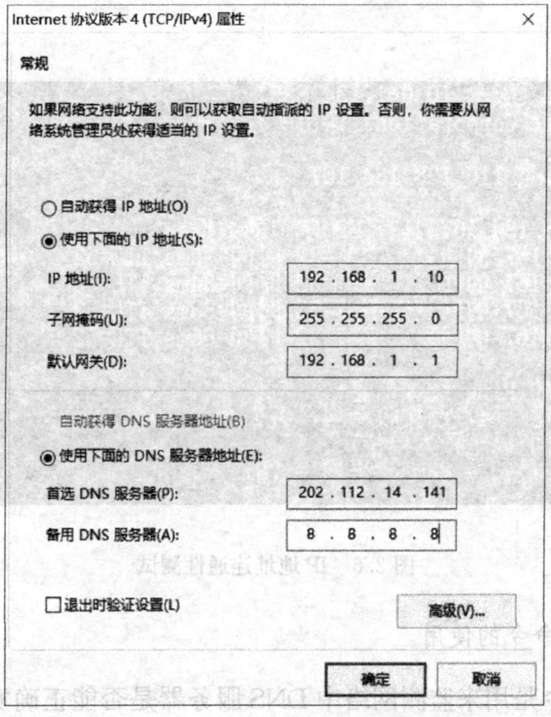

图 3.4　手动分配地址

之前允许通过的最大网段数量。根据统计信息显示数据包丢失为 0，说明网络畅通。如果 ping 命令显示请求超时，则说明网络不通。而图 3.6 是测试本机与 IP 地址 116.128.134.167 连通的结果。

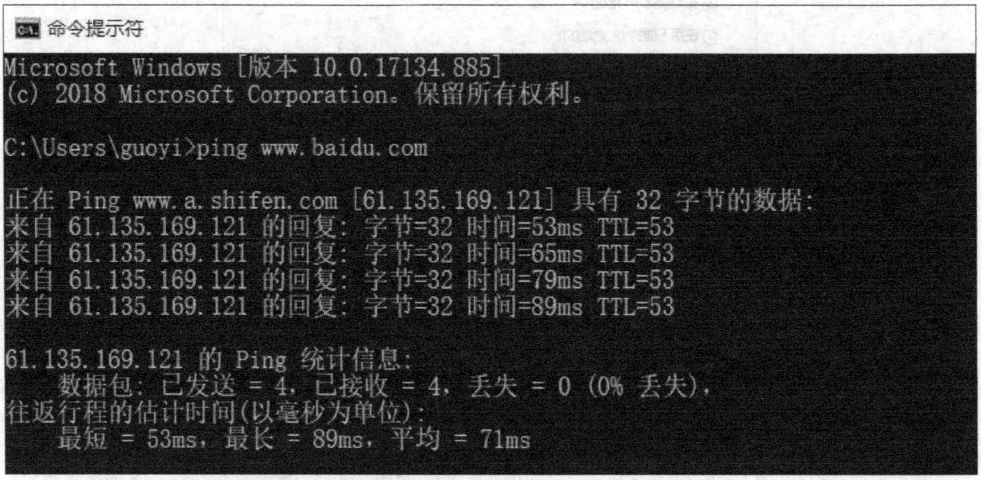

图 3.5 域名地址连通性测试

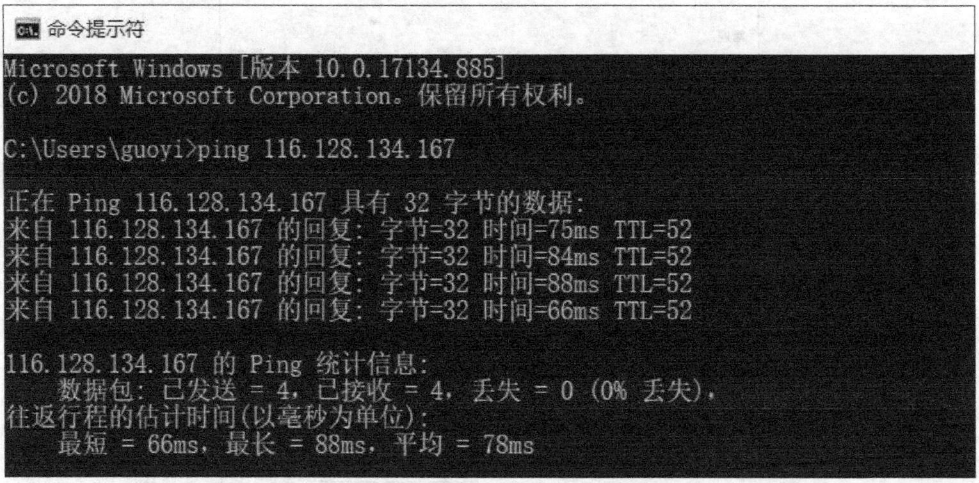

图 3.6 IP 地址连通性测试

3. nslookup 命令的使用

nslookup 命令是用来监测网络中 DNS 服务器是否能正确实现域名解析的工具，它可以实现域名正向和反向解析。它的正向解析命令：nslookup＋域名地址，即通过域名查找 IP，如图 3.7 所示，通过解析百度网址获取得到其对应的 IP 地址 172.20.10.1。反向解析命令：nslookup＋－qt＝ptr＋IP 地址，即通过 IP 查找域名，如图 3.8 所示，通过查询 IP 地址 8.8.8.8 来得到该 IP 地址指向的域名。

图 3.7　nslookup 正向解析

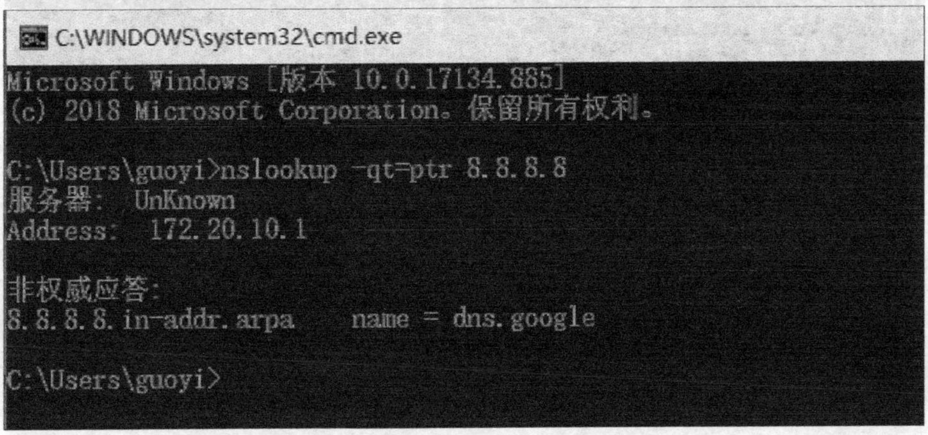

图 3.8　nslookup 反向解析

4. tracert 命令的使用

tracert 命令用于路由跟踪，以便确定 IP 数据包访问目标地址所采取的路径。其基本应用格式：tracert＋IP 地址（域名地址）。图 3.9 呈现的是路由追踪百度网（www. baidu. com）域名地址的结果，由图可知，本地计算机访问百度网途径的路由信息，其中带有星号（*）的信息表示该次数据包返回时间超时。

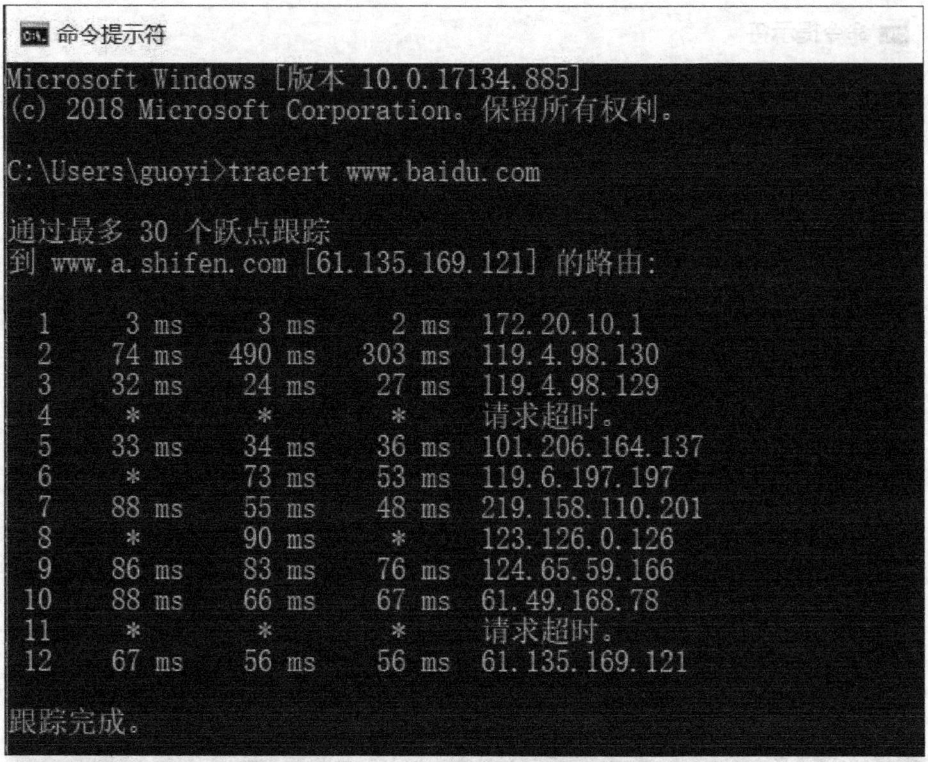

图 3.9　路由追踪百度网

5. IPconfig 命令的使用

IPconfig（不区分大小写）命令是用于查看、更新、修改本地计算机相关网络信息的命令。显示本机 TCP/IP 配置的详细信息的指令：ipconfig /all，如图 3.10 所示，本地计算机使用的无线局域网适配器，其中 IP 地址为 172.20.10.5，MAC 地址为 74 - 70 - FD - 08 - 6C - EF。

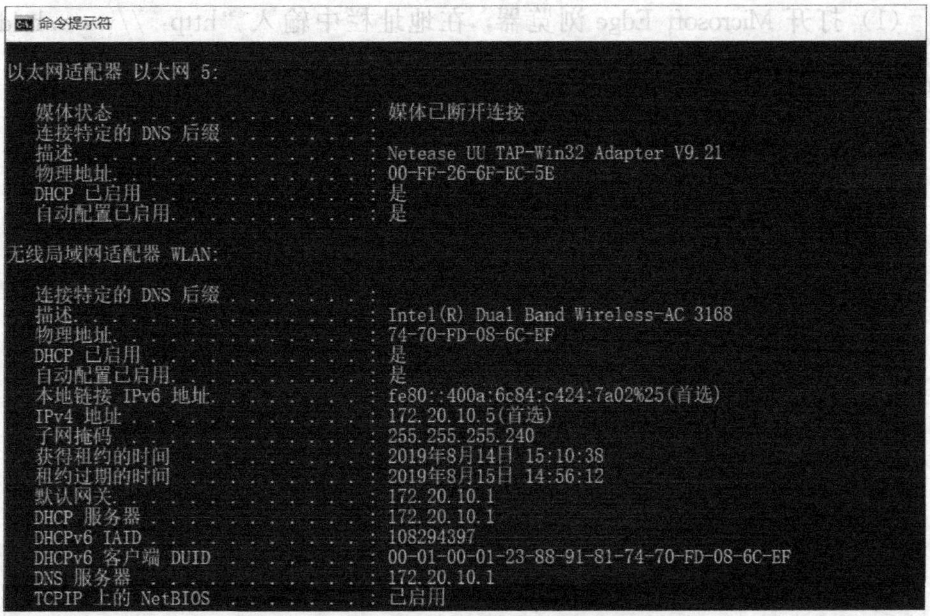

图 3.10　本机 TCP/IP 配置的详细信息

3.2 浏览器设置

3.2.1 知识要点

(1) WWW 服务。

(2) URL。

(3) HTTP 与 HTTPS。

3.2.2 案例要求

(1) 熟练掌握 Microsoft Edge 浏览器的常见使用方法。

(2) 掌握对浏览器的基本设置方法。

3.2.3 案例实操

1. 浏览器的常用操作

浏览器的常用操作有搜索信息、浏览网页、收藏网页等。以搜狐新闻网为例，浏览器的常见操作如下。

（1）打开 Microsoft Edge 浏览器，在地址栏中输入“http：//www. baidu. com”，按下 Enter 键进入百度网站主页，如图 3.11 所示。

图 3.11　百度网站主页

（2）在输入框中输入“搜狐”，单击“百度一下”按钮，便会检索出与搜狐相关的信息，如图 3.12 所示。单击第一条信息就是搜狐官网，如图 3.13 所示。

图 3.12　百度检索相关信息

图 3.13　搜狐网站主页

(3) 单击网页中的“新闻”链接，即可打开搜狐新闻网，如图 3.14 所示。在该网页中，可以浏览各类新闻。

图 3.14　搜狐新闻网

（4）单击页面右上角的“☆收藏夹”图标，弹出如图 3.15 所示的窗口，单击“添加”按钮，搜狐新闻网站便添加到了收藏夹中，如图 3.16 所示。也可以使用快捷键 Ctrl＋D 快速弹出“收藏夹”图标，实现快速添加收藏夹内容。不同浏览器添加到收藏夹的操作方式与此类似。

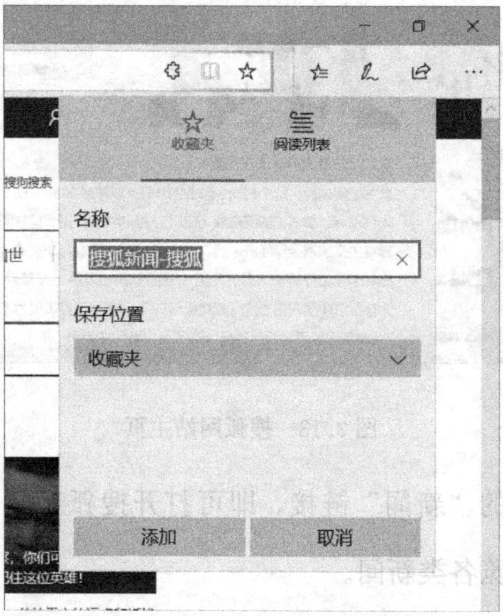

图 3.15　添加收藏夹

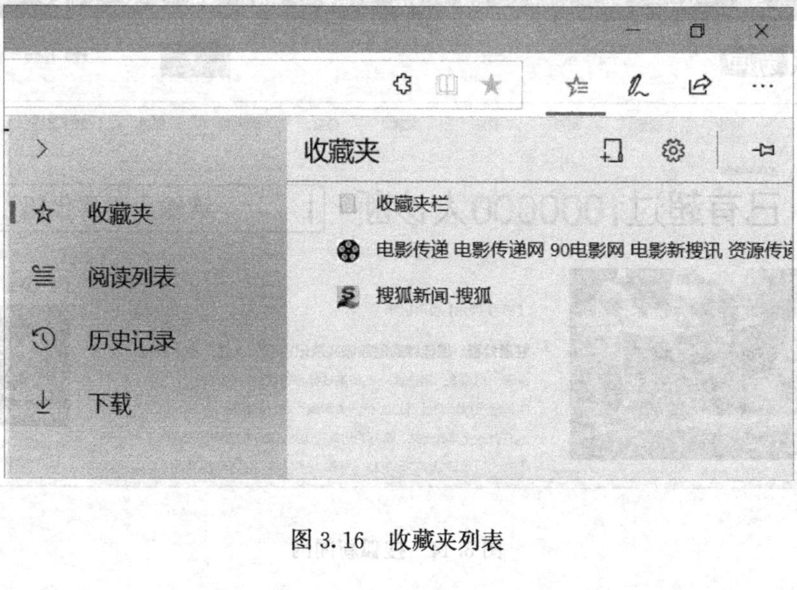

图 3.16　收藏夹列表

2. 浏览器设置

(1) 将 Internet 主页设置为百度。打开 Microsoft Edge 浏览器，单击“工具”图标，弹出如图 3.17 所示的下拉框，单击“设置”选项。

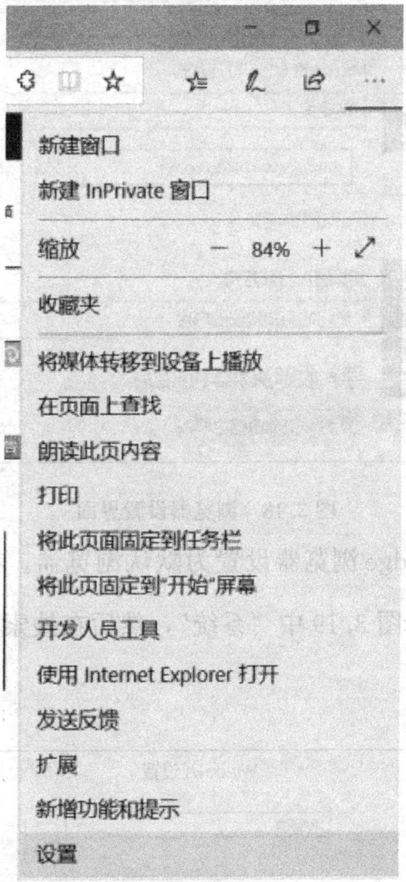

图 3.17　浏览器工具下拉选项

在弹出的 Microsoft Edge 打开方式窗口中选择特定页，在下框栏中输入想要设置为主页的网站地址。此处将百度设为主页，因此，在文本输入框中输入百度的网址“http：//www. baidu. com”，如图 3.18 所示，然后单击右边的“保存”图标。

关闭浏览器，然后再次打开，可以看到浏览器的主页已经设置为百度网站的页面了。

图 3.18　浏览器设置界面

(2) 将 Microsoft Edge 浏览器设置为默认浏览器。在“开始”菜单中单击“设置”图标，单击选择图 3.19 中“系统”，然后在搜索框中输入“默认应用设置”，如图 3.20 所示。

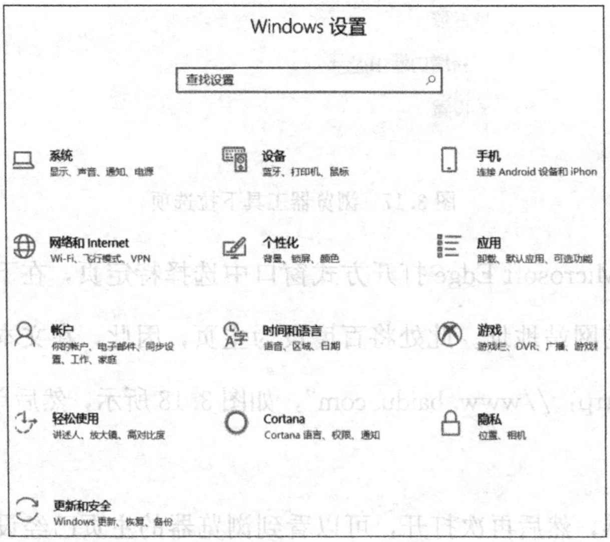

图 3.19　Windows 设置界面

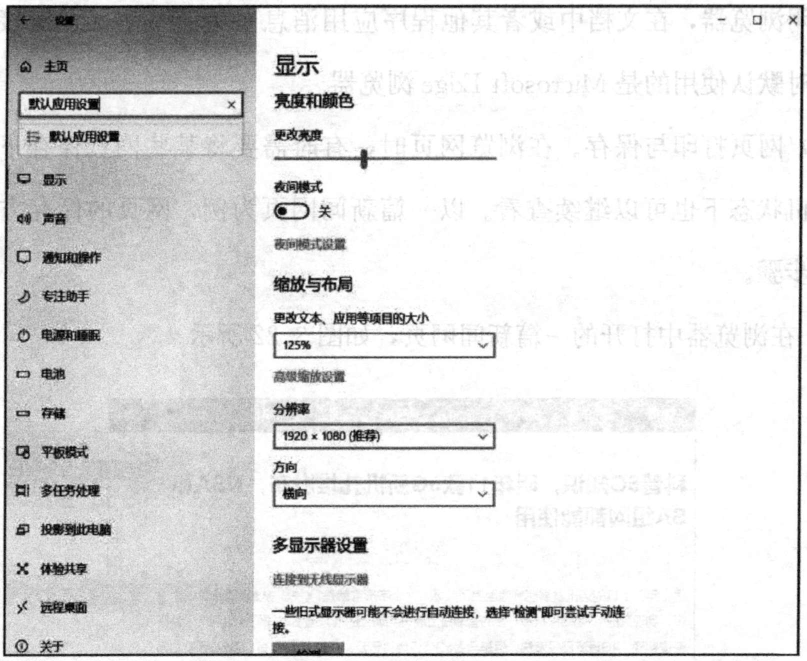

图 3.20　系统设置界面

在弹出的界面中，单击 Web 浏览器选择 Microsoft Edge 浏览器，如图 3.21 所示。这样就设置成功了。

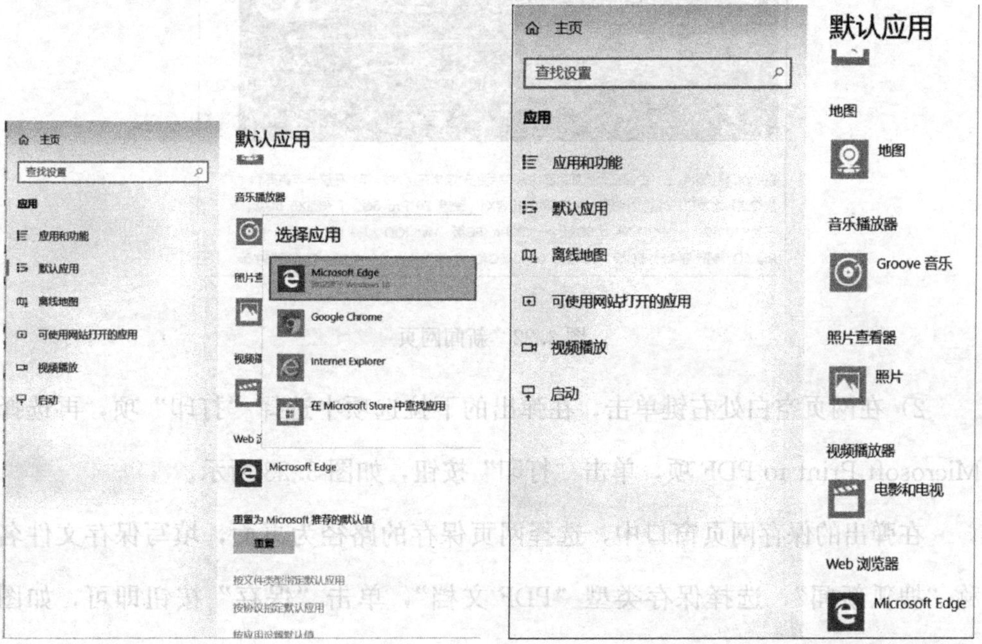

图 3.21　默认应用设置

关闭浏览器，在文档中或者其他程序应用消息中单击一个网址链接，可以看到此时默认使用的是 Microsoft Edge 浏览器。

(3) 网页打印与保存。在浏览网页时，有时需要将某些网页保存下来，以便在脱机状态下也可以继续查看。以一篇新闻网页为例，网页的保存方法有以下几个步骤。

1) 在浏览器中打开的一篇新闻网页，如图 3.22 所示。

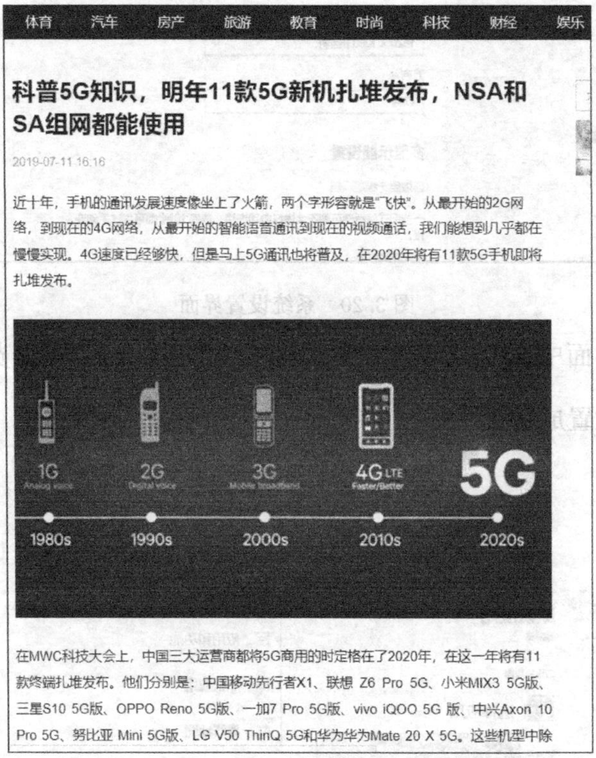

图 3.22 新闻网页

2) 在网页空白处右键单击，在弹出的下拉选项中选择"打印"项，再选择 Microsoft Print to PDF 项，单击"打印"按钮，如图 3.23 所示。

在弹出的保存网页窗口中，选择网页保存的路径为桌面，填写保存文件名称"搜狐新闻"，选择保存类型"PDF 文档"，单击"保存"按钮即可，如图 3.24 所示。

图 3.23　“打印”设置

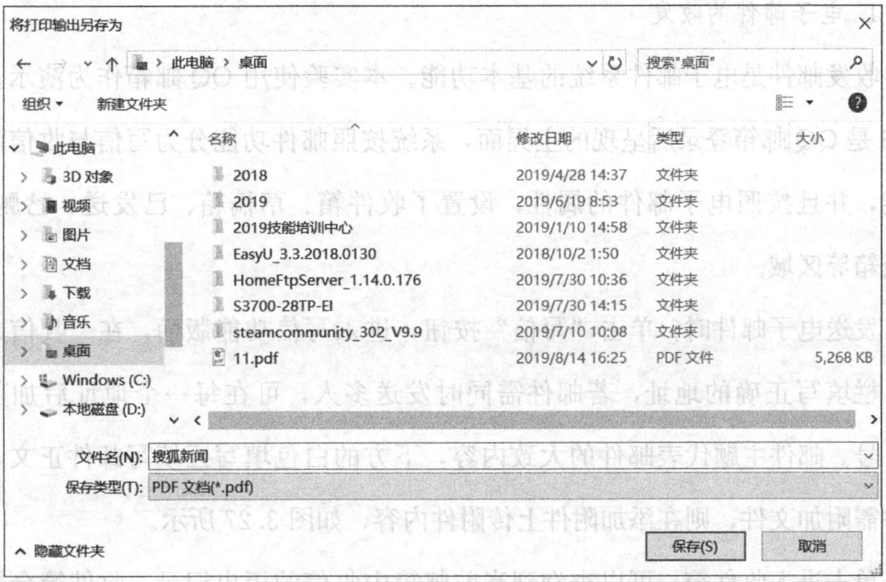

图 3.24　保存网页

图 3.25 网页保存后的文件

可以在桌面看到生成了一个 PDF 文件，如图 3.25 所示。在脱机状态下，单击该文件可以打开刚保存的网页。

如果需要将网页打印成纸质的文档，可以在图 3.23 所示的打印设置中选择对应的打印机进行打印。

3.3 电子邮箱的使用

3.3.1 知识要点

电子邮件。

3.3.2 案例要求

(1) 熟练掌握电子邮件的收发。

(2) 掌握电子邮箱的相关设置。

3.3.3 案例实操

1. 电子邮件的收发

收发邮件是电子邮件系统的基本功能。本实验使用 QQ 邮箱作为演示。图 3.26 是 QQ 邮箱登录后呈现的主界面，系统按照邮件功能分为写信与收信两大功能，并且按照电子邮件的属性，设置了收件箱、草稿箱、已发送、已删除、垃圾箱等区域。

发送电子邮件时，单击“写信”按钮，进入写信功能版面，在“收信人地址”栏填写正确的地址，若邮件需同时发送多人，可在每一个地址后加英文“;”号。邮件主题代表邮件的大致内容，下方的白色填写区填写邮件正文，若邮件需附加文件，则在添加附件上传附件内容，如图 3.27 所示。

单击进入收件箱，可以查询到当前邮箱中收信的历史记录。收件箱会提示当前存放有多少收到的电子邮件，以及有多少邮件尚未阅读，如图 3.28 所示。

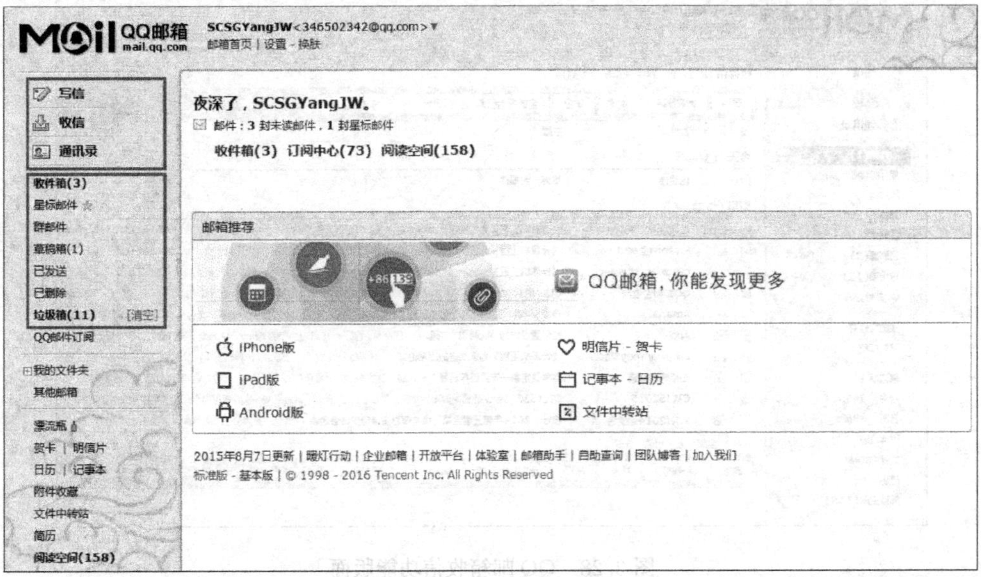

图 3.26　QQ 邮箱登录后主界面

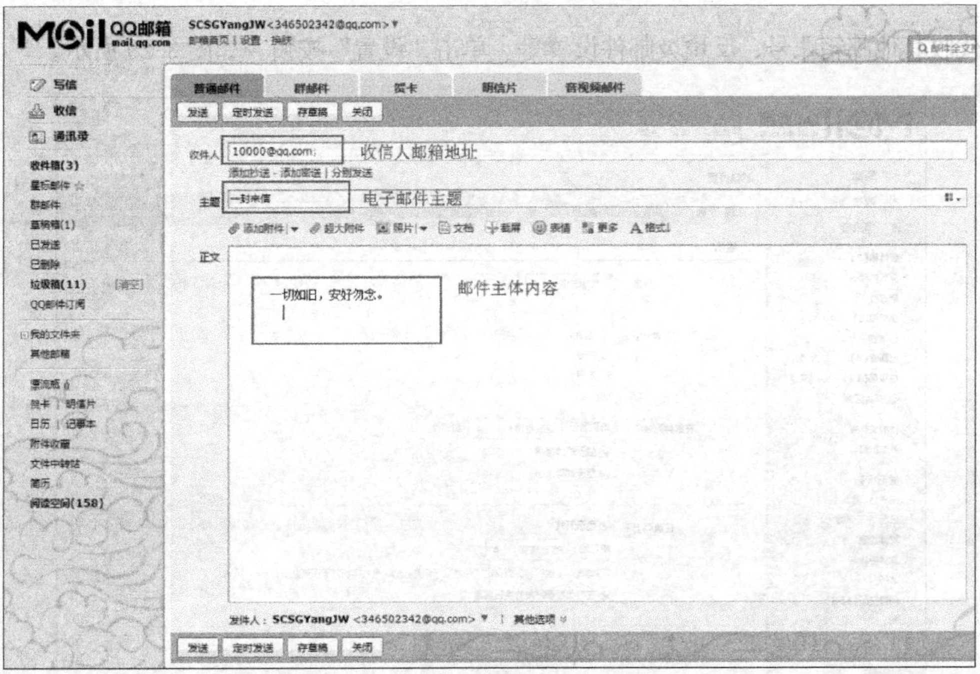

图 3.27　QQ 邮箱写信功能版面

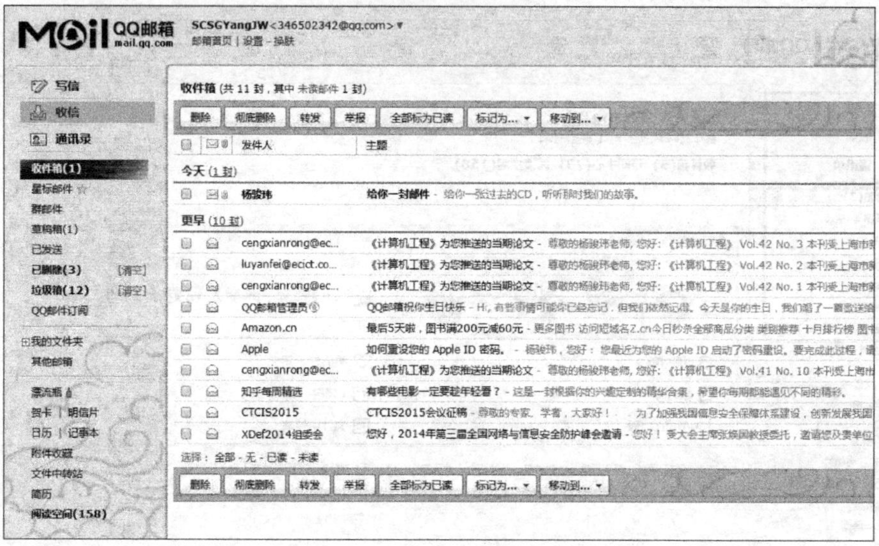

图 3.28 QQ 邮箱收信功能版面

2. 电子邮箱的相关设置。

电子邮箱可以根据用户实际情况进行相应设置，如语言选择、文字大小设置、代收其他邮箱账号、反垃圾邮件设置等。单击“设置”按钮，如图 3.29 所示。

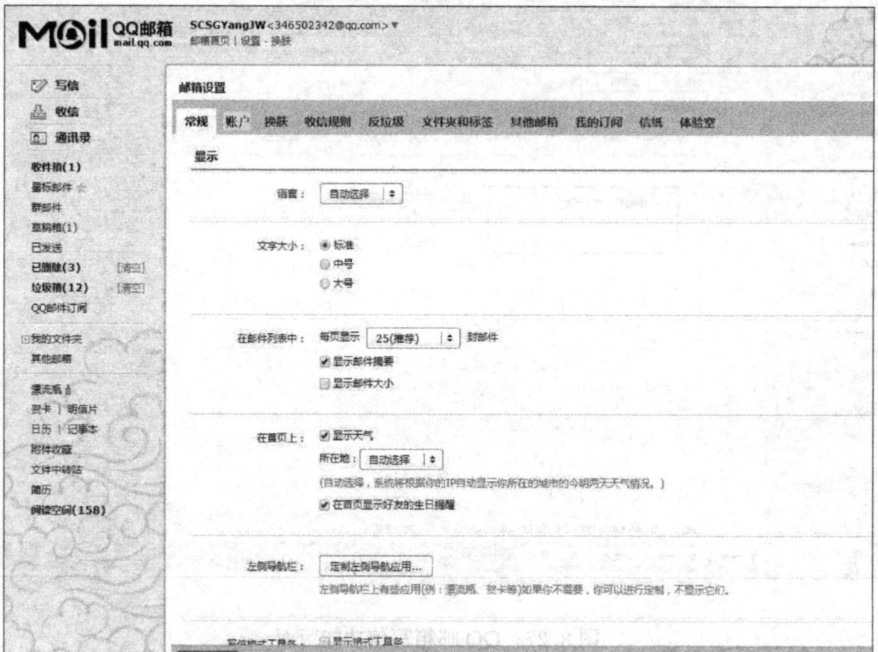

图 3.29 QQ 邮箱“常规”设置

3.4 办公自动化的介绍

3.4.1 知识要点

办公自动化。

3.4.2 案例要求

了解办公自动化系统的用途。

3.4.3 案例实操

1. 办公自动化的介绍

办公自动化（Office Automation，OA），是将计算机、通信等现代化技术运用到传统办公，进而形成的一种新型办公方式。办公自动化利用现代化设备和信息化技术，代替办公人员传统的部分手动或重复性业务活动，优质而高效地处理办公事务和业务信息，实现对信息资源的高效利用，进而达到提高生产率、辅助决策的目的，最大限度地提高工作效率和质量、改善工作环境。

2. 办公自动化的主要特点

(1) 处理各项事务自动化。在企业和单位的办公管理中，都会涉及秘书与行政要务，办公自动化的应用，能够及时地了解行政事务与人事关系，确保事务处理更加准确。

(2) 处理文件自动化。在传统的办公管理中，每一份文件都必须要进行严密地分析、解读，以纸质的形式不断地修改，这样不仅降低了工作效率，也增加了员工的工作量，同时也很容易出现修改失误或文件信息丢失的问题，致使文件中的信息存在漏洞。而办公自动化系统，能够实现自动化地管理各类文件。利用计算机网络技术对文件进行分类和统一的传输，在保留好原文件的前提下，提出一些可行性的建议。同时企业必须要对办公自动化系统进行严格地管理，并要求工作者通过身份验证才能够登录系统，并查看所需要的文件资料，有效地保证了企业内部文件的严密性。

(3) 实现自动化决策。在企业管理中，正确的决策是确保办公管理的基础，使用办公自动化系统能够自动对文件进行核对，如人事关系、财务账目等。而办公自动化可以对涉及决策的相关资料进行科学的分析，这样能够有效地提高决策的科学性与数据的精准度。

3. 办公自动化的使用

以某企业的办公自动化系统为例，通过浏览器进入某企业门户网站，如图 3.30 所示。

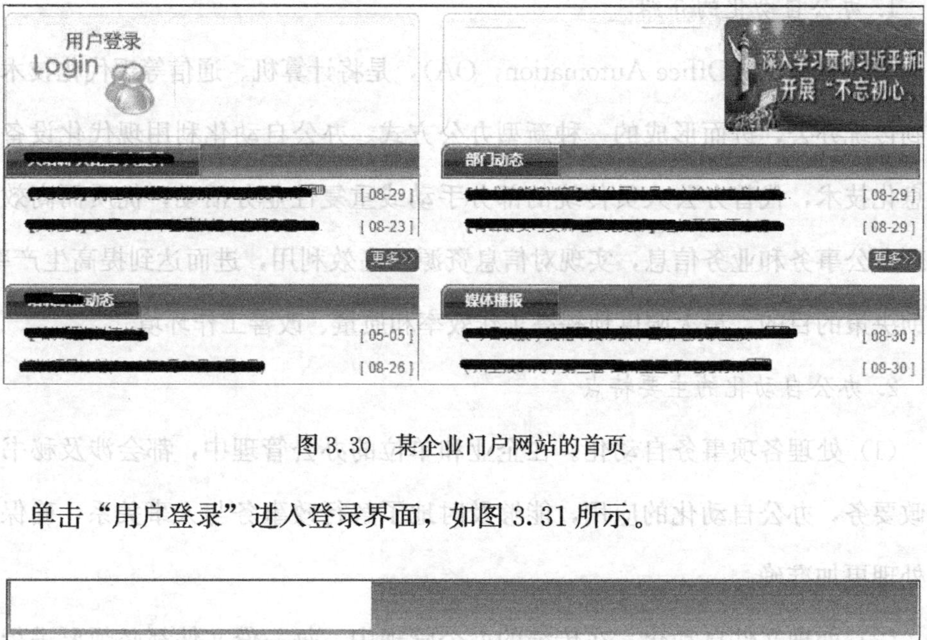

图 3.30 某企业门户网站的首页

单击“用户登录”进入登录界面，如图 3.31 所示。

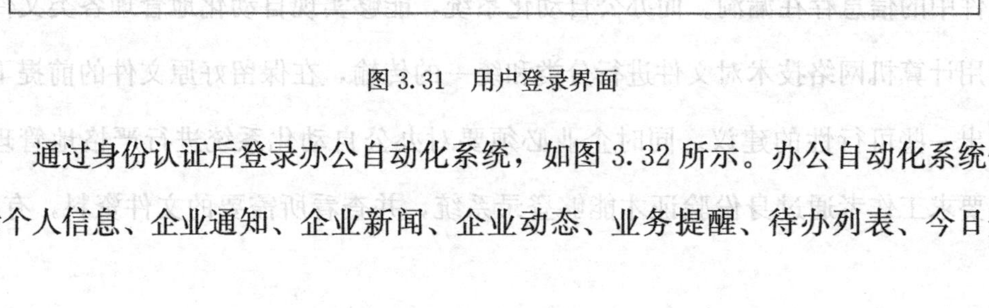

图 3.31 用户登录界面

通过身份认证后登录办公自动化系统，如图 3.32 所示。办公自动化系统包括个人信息、企业通知、企业新闻、企业动态、业务提醒、待办列表、今日安排、我的应用、常用工具等。

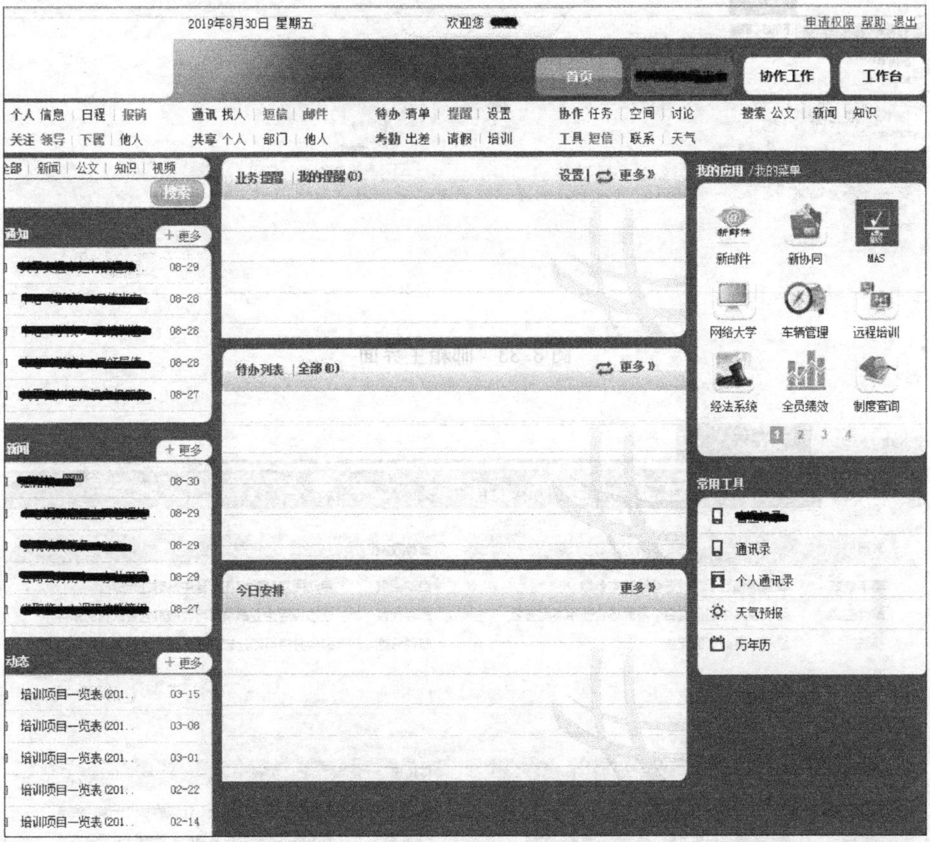

图 3.32　办公自动化系统界面

在“我的应用”中，排列的都是日常办公所需的业务系统，包括邮件系统、协同办公、车辆管理、经法系统、绩效管理、后勤服务等，并根据使用频率进行排序。

单击“新邮件”图标，弹出如图 3.33 所示的页面，该页面就是 3.3 介绍的电子邮箱，主要用于收发邮件。

该邮箱可以根据用户实际情况进行相应地设置，如常规设置、账号与安全、短信提醒、反垃圾等，如图 3.34 所示。此外，该邮箱还集成了网盘的功能，给用户提供一定的存储空间，用户可以轻松地将自己的文档、音乐、视频等文件上传到网盘上用于存储和备份。

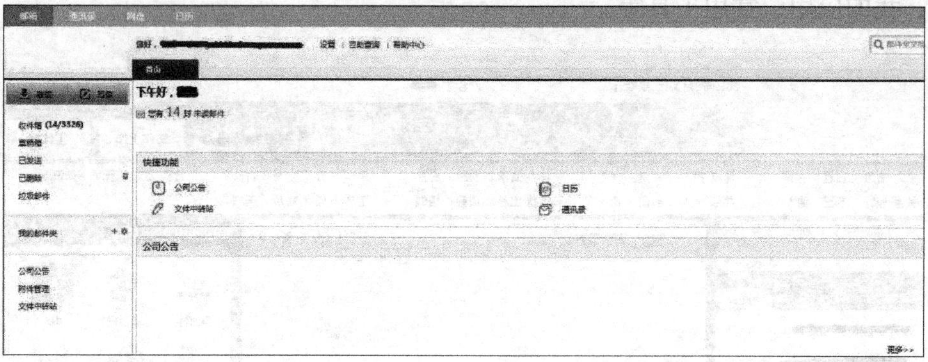

图 3.33 邮箱主界面

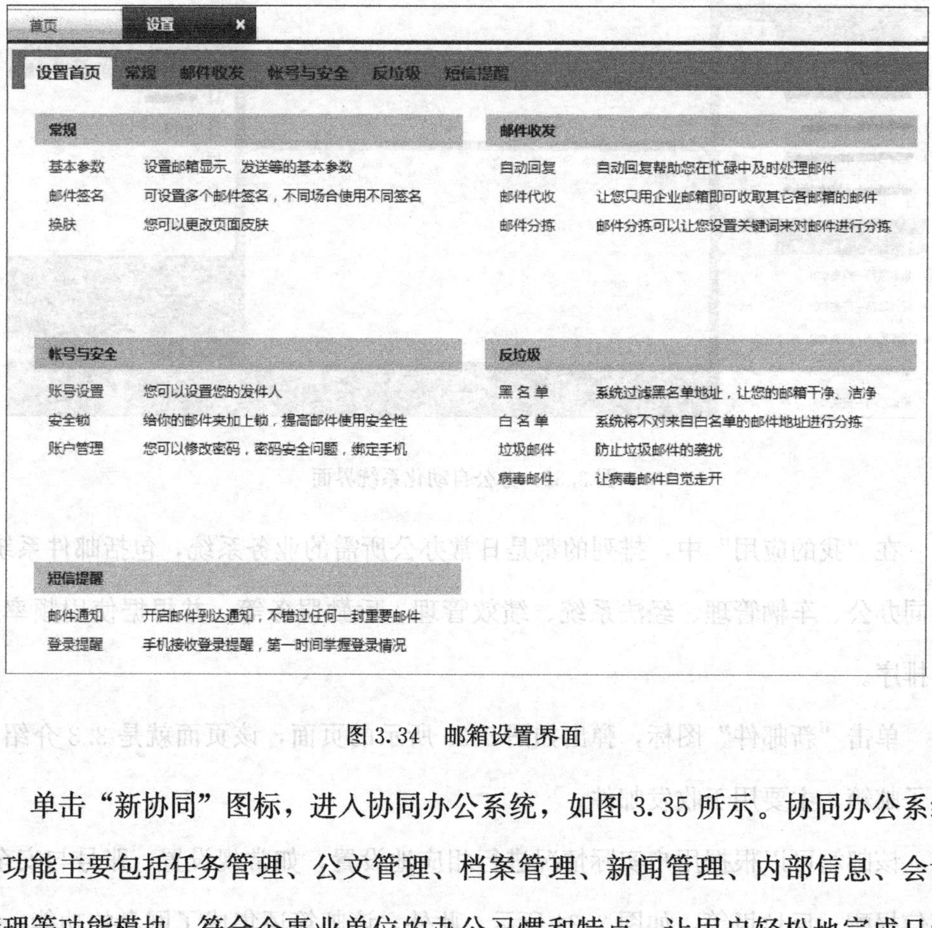

图 3.34 邮箱设置界面

单击“新协同”图标，进入协同办公系统，如图 3.35 所示。协同办公系统的功能主要包括任务管理、公文管理、档案管理、新闻管理、内部信息、会议管理等功能模块，符合企事业单位的办公习惯和特点，让用户轻松地完成日常办公工作，并且协同办公系统中实现了痕迹保留、手机短信、数据接口等 OA 领域技术。

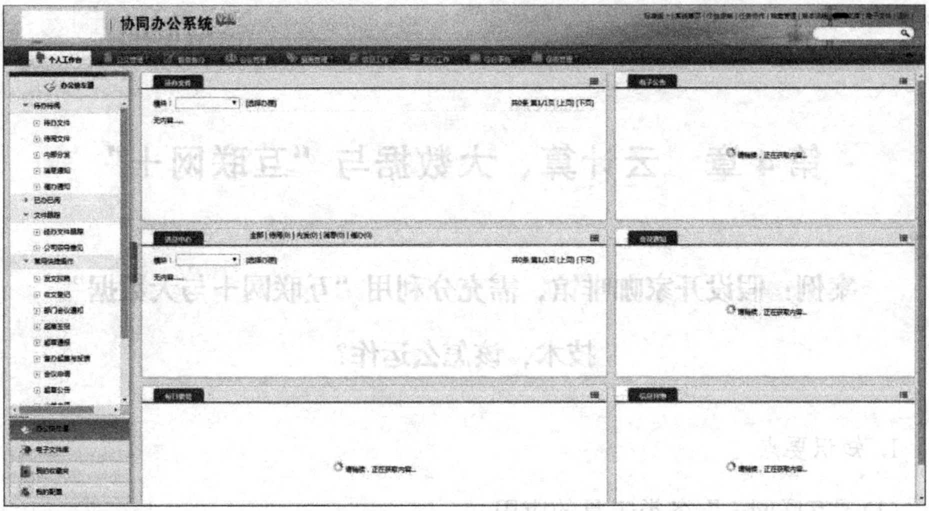

图 3.35　协同办公系统界面

第 4 章　云计算、大数据与“互联网＋”

案例：假设开家咖啡馆，需充分利用“互联网＋与大数据”技术，该怎么运作?

1. 知识要点

(1)“互联网＋”各类工具的应用。

(2) 大数据在企业营销和运营中的应用。

(3) 用户画像的应用。

(4) 智能家居的应用。

2. 案例要求

假设某人要开一家咖啡馆，在符合实际预算的情况下，他怎样充分利用“互联网＋与大数据”技术去运作。要求：

(1) 自行网络搜索相关“互联网＋”工具或产品，结合自己可支配预算，需写出计划运作方案。

(2) 根据营销需求和运营要求，怎样结合大数据的应用构建出用户画像，实现精准营销和服务，需写出营销实施方案。

(3) 可参考小米智能家居，结合咖啡馆的实际情况，设计一套符合他的咖啡馆的智能家居应用方案。

3. 案例实操

本案例属于开放性案例，在此有几个点可供大家参考：

(1) 咖啡馆面向的主要客户群体是谁？开设在哪儿？需要多大面积？预计能投入的预算有多少？

（2）开设咖啡馆还需要涉及哪些成本？哪些成本能利用“互联网＋”工具或产品可控？

（3）营销策略上，刚开始怎样利用“互联网＋”的工具或产品进行市场破冰？当有了一定客户群体后，怎样利用这些工具或产品进行客户群体的巩固？

（4）假设是临街的铺面，突然遇到修地铁打围施工了，该怎么办？

（5）怎样利用“互联网＋”的工具或产品构建出用户画像，并且当数据有较大积累后，怎样利用大数据技术与用户画像的有机结合，实现精准的营销和服务？

（6）假设他的咖啡馆开设得很成功，需要开分店了，那他怎样利用“互联网＋”工具或产品，以及“大数据”技术实现分店管理和供应链管理？

咖啡馆智能家居的应用需考虑到无线网络、安全防控、灯光应用、空气净化、空调温度、净水设备等场景的应用。

第 5 章　Word 2019 应用

5.1　案例 1 制作一篇图文混排的文档

1. 知识要点

（1）在 Word 文档中插入艺术字、图片、形状等对象。

（2）对插入的各类对象进行格式编辑，包括环绕方式、对齐方式、文本效果等设置。

（3）对文档进行分栏设置。

2. 案例要求

案例素材所在位置为“第五章 Word 2019 应用\案例一\人工智能 . docx”，素材文档名为“人工智能 . docx”，要求在该文档中插入艺术字“人工智能——AI”，插入素材图片“素材图片 1”，按照要求插入形状，并对插入的对象进行相应的格式编辑。“双页显示”最终完成效果如图 5. 1 所示。

3. 案例实操

（1）在素材文档开头插入艺术字“人工智能——AI”。

步骤 1：在“插入”选项卡“文本”选项组中点击“A 艺术字”艺术字选项，在下拉列表中任意选择一种文本样式，在弹出的输入框中输入“人工智能——AI”，字体设置为“黑体”，字号为“小初”，加粗，在中文和横线之间进行换行。

步骤 2：选中插入的艺术字，在“格式”选项卡“艺术字样式”中设置艺术字为“渐变填充：水绿色，主题色 5；映像”样式，中文文本填充为“浅绿色”，横线及英文文本填充为“黑色”，文本轮廓都为“无轮廓”，如图 5. 2 所示。

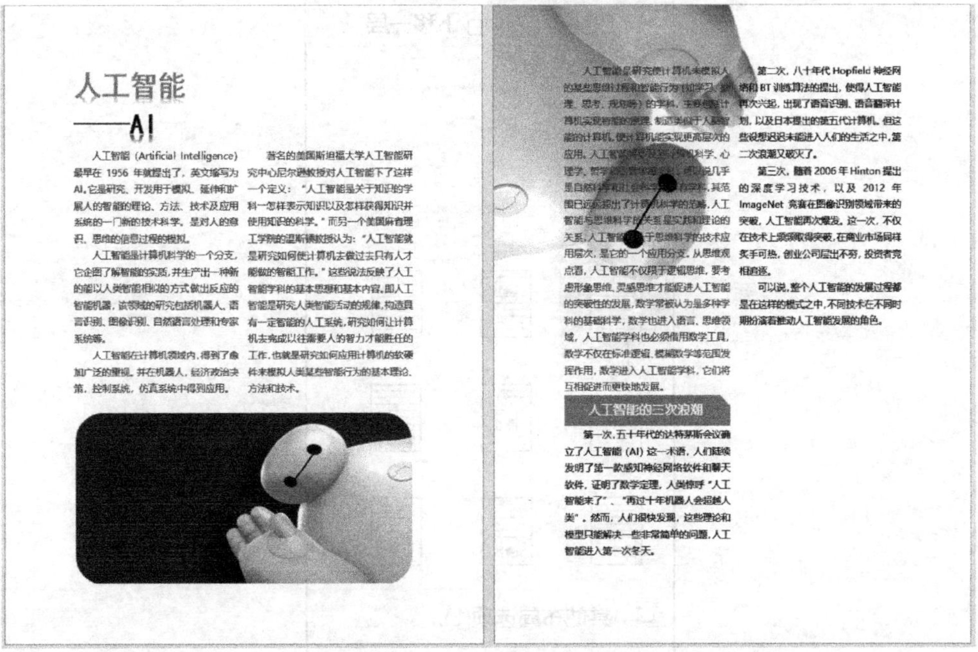

图 5.1　完成效果图

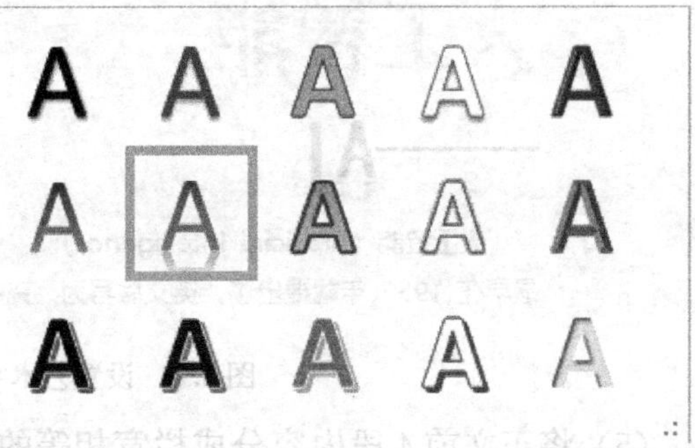

图 5.2　插入艺术字

(2) 设置艺术字显示位置为"顶端居左，四周型文字环绕"。选中艺术字，选择"格式"选项卡"排列"选项组中"位置"下拉列中的"顶端居左，四周型文字环绕"，如图 5.3 所示。用鼠标拖拉艺术字编辑框，使正文位于艺术字正下方，完成后效果如图 5.4 所示。

(3) 将正文字体设置为"微软雅黑"，字号为"小四"。前 5 段字体颜色设置为"白色，背景 1，深色 50%"，后 4 段字体颜色设置为"黑色"。

(4) 在第 4 段与第 5 段文本内容之间插入图片"素材图片 1.jpg"。单击"插入"选项卡"插图"选项组中的"图片"，在弹出的"插入图片"对话框中找到"素材图片 1"，单击"插入"按钮即可插入图片。

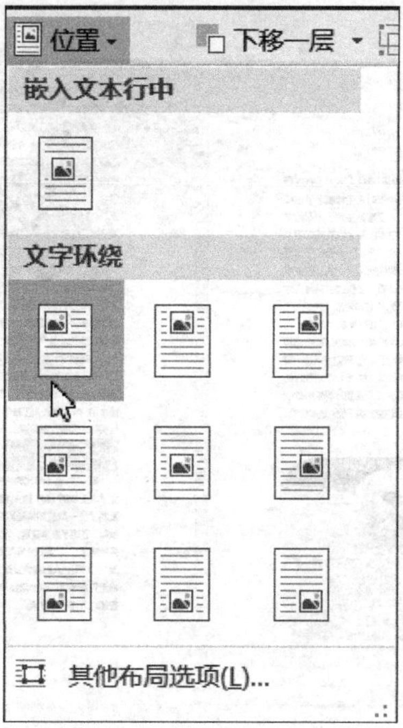

图 5.3 艺术字位置设置

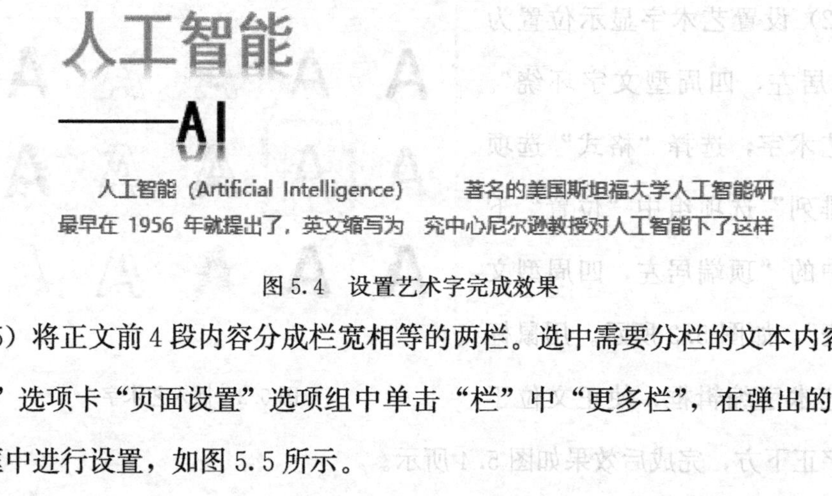
人工智能
——AI
人工智能（Artificial Intelligence）最早在 1956 年就提出了，英文缩写为
著名的美国斯坦福大学人工智能研究中心尼尔逊教授对人工智能下了这样

图 5.4 设置艺术字完成效果

(5) 将正文前 4 段内容分成栏宽相等的两栏。选中需要分栏的文本内容，在“布局”选项卡“页面设置”选项组中单击“栏”中“更多栏”，在弹出的“栏”对话框中进行设置，如图 5.5 所示。

(6) 将图片裁剪为圆角矩形。选中上一步插入的图片，选择“格式”→“裁剪”→“裁剪为形状”的“矩形：圆角”，如图 5.6 所示，裁剪后效果如图 5.7 所示。

(7) 选中图片，在“格式”选项卡“环绕方式”下拉列中选择图片环绕方式为“嵌入型”，并拖住控制点缩放图片大小，完成后效果如图 5.8 所示。

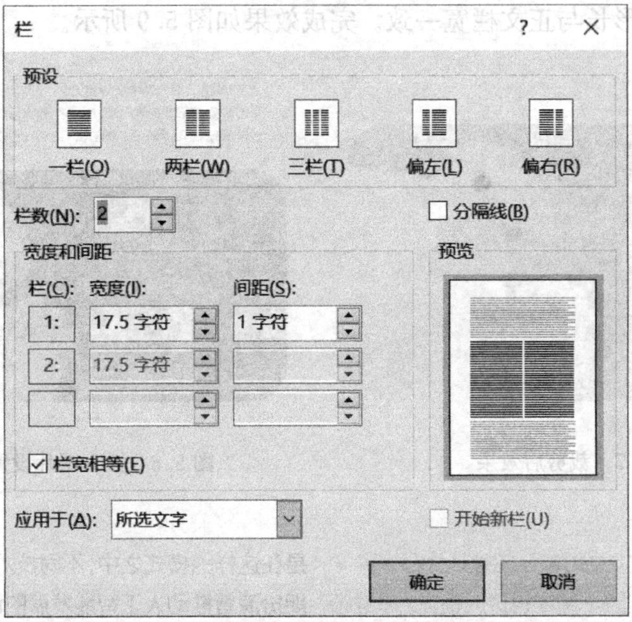

图 5.5　分栏设置

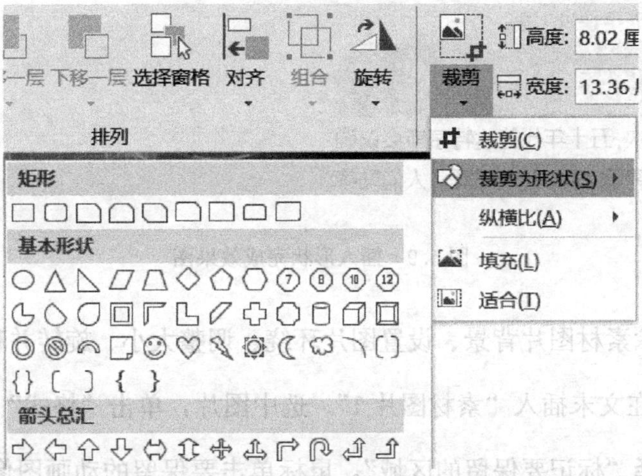

图 5.6　裁剪形状

(8) 将正文最后 5 段内容再分成栏宽相等的两栏。

(9) 在第 5 段后插入形状“单角矩形”，添加文字内容“人工智能的三次浪潮”，字体为“幼圆”，三号，白色；对齐文本为“中部对齐”；形状环绕文字方式为“四周型”，形状填充为“浅绿”，形状轮廓为“无轮廓”。拖动形状控制点，使单角矩形长与正文栏宽一致。完成效果如图 5.9 所示。

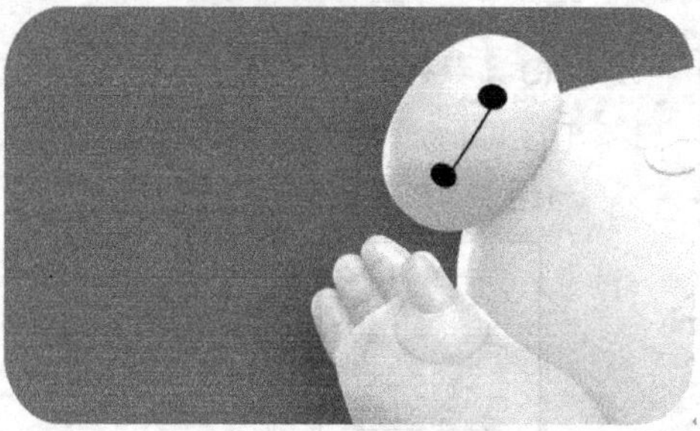

图 5.7　裁剪后效果

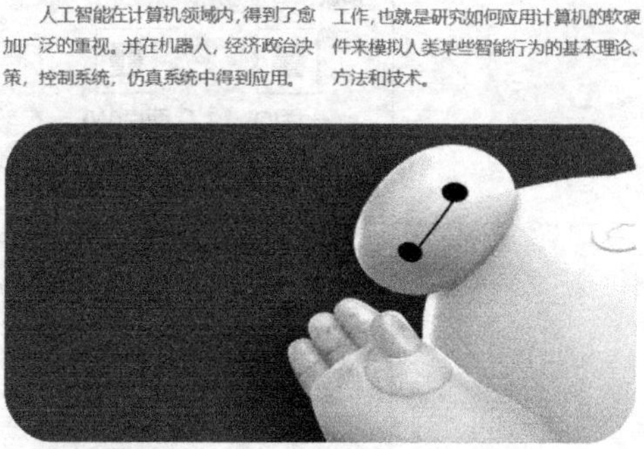

人工智能在计算机领域内，得到了愈加广泛的重视。并在机器人，经济政治决策，控制系统，仿真系统中得到应用。
工作，也就是研究如何应用计算机的软硬件来模拟人类某些智能行为的基本理论、方法和技术。

图 5.8　插入图片设置后效果图

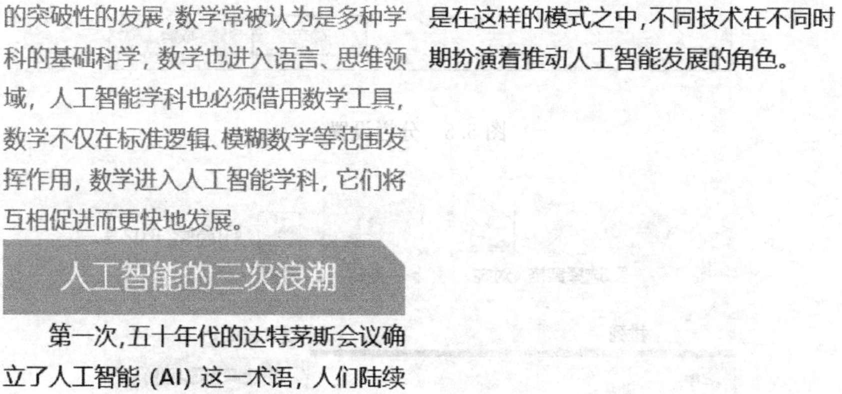

的突破性的发展，数学常被认为是多种学科的基础科学，数学也进入语言、思维领域，人工智能学科也必须借用数学工具，数学不仅在标准逻辑、模糊数学等范围发挥作用，数学进入人工智能学科，它们将互相促进而更快地发展。

第一次，五十年代的达特茅斯会议确立了人工智能（AI）这一术语，人们陆续
是在这样的模式之中，不同技术在不同时期扮演着推动人工智能发展的角色。

图 5.9　插入形状完成效果图

(10) 去除素材图片背景、设置图片环绕、调整大小、旋转并移动位置。

步骤 1：在文末插入“素材图片 1”。选中图片，单击“格式”选项卡中“删除背景”，选择“标记要保留的区域”，鼠标单击要保留的动画图像，Word 2019 对图片进行智能分析后，以紫红色遮住图片背景，如图 5.10 所示，最后选择“保留更改”，完成后如图 5.11 所示。

步骤 2：选中图片，在“格式”选项卡中将“环绕文字”设置为“衬于文字下方”，选中“旋转”→“其他旋转选项”，设置旋转为 180°，拖动图片移动至页面顶端，用鼠标拉升图片对角点使图片长与页面宽度一致。

图 5.10　除去图片背景

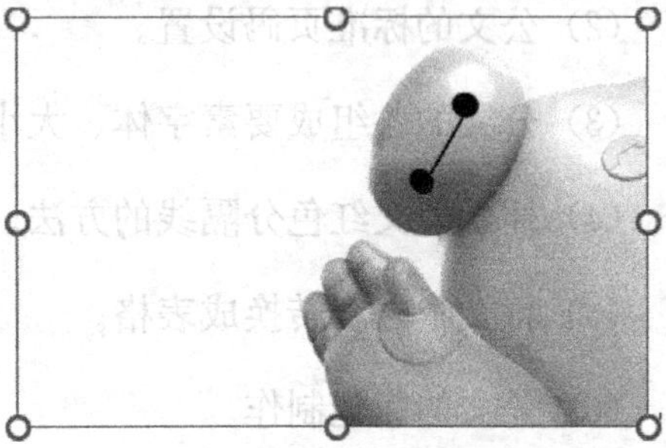

图 5.11　除去图片背景后效果

(11) 选中图片，在“格式”选项卡中设置“颜色”为其他变色“白色，背景 1”，如图 5.12 所示。

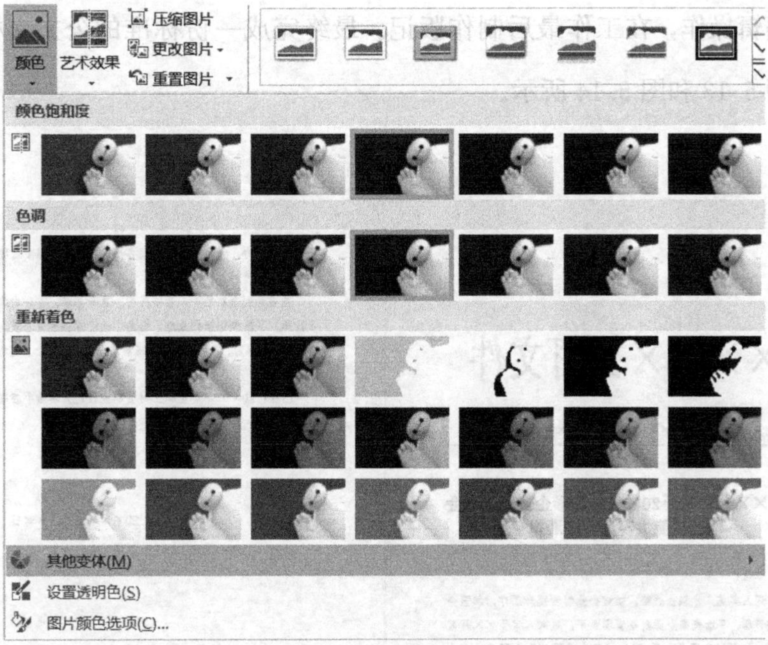

图 5.12　图片颜色调整

5.2　案例 2 完成一个公文排版

1. 知识要点

(1) 公文的标准页面设置。

(2) 公文的标准页码设置。

(3) 公文的各组成要素字体、大小设置。

(4) 插入公文红色分隔线的方法。

(5) 将文本内容转换成表格。

(6) 公文的版记制作。

(7) 设置表格位置，对表格进行基础编辑操作。

2. 案例要求

在 Word 中对本案例素材文档“公文排版 . docx”进行排版，要求符合标准公文的版式、格式要求，在附件中将文本内容转换成表格并对转换的表格进行基本的编辑操作，在工作最后制作版记。最终完成一份标准的公文文档，完成效果如图 5. 13 和图 5. 14 所示。

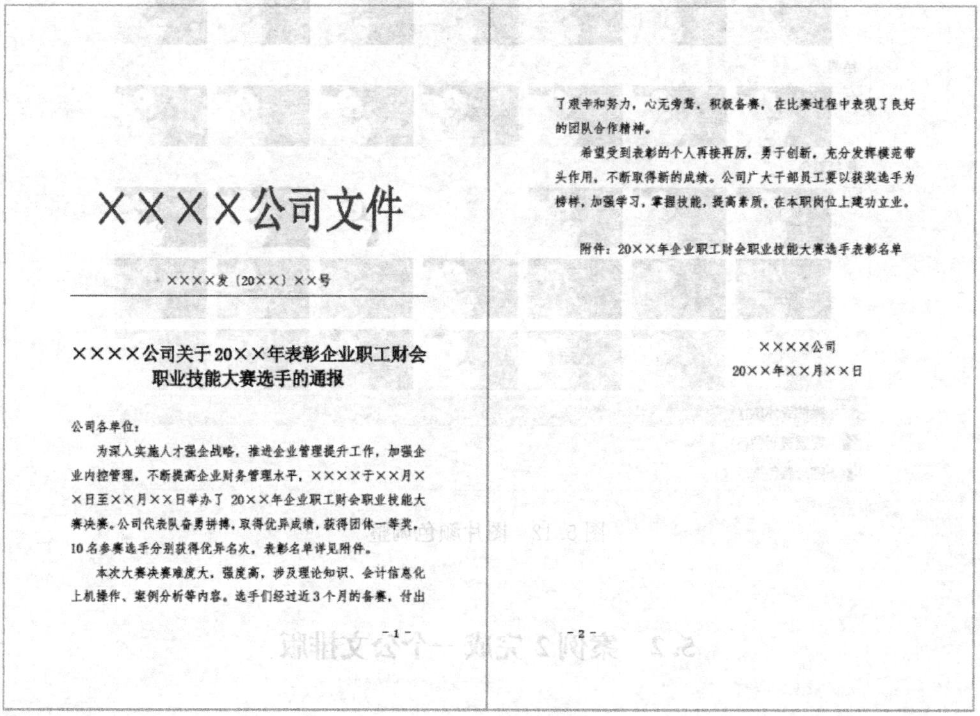
××××公司文件

××××发〔20××〕××号

××××公司关于20××年表彰企业职工财会职业技能大赛选手的通报

公司各单位：

为深入实施人才强企战略，推进企业管理提升工作，加强企业内控管理，不断提高企业财务管理水平，××××于××月××日至××月××日举办了 20××年企业职工财会职业技能大赛决赛。公司代表队奋勇拼搏，取得优异成绩，获得团体一等奖，10名参赛选手分别获得优异名次，表彰名单详见附件。

本次大赛决赛难度大，强度高，涉及理论知识、会计信息化上机操作、案例分析等内容。选手们经过近3个月的备赛，付出

- 1 -

了艰辛和努力，心无旁骛，积极备赛，在比赛过程中表现了良好的团队合作精神。

希望受到表彰的个人再接再厉，勇于创新，充分发挥模范带头作用，不断取得新的成绩。公司广大干部员工要以获奖选手为榜样，加强学习，掌握技能，提高素质，在本职岗位上建功立业。

附件：20××年企业职工财会职业技能大赛选手表彰名单

××××公司

20××年××月××日

- 2 -

图 5. 13　完成效果图一

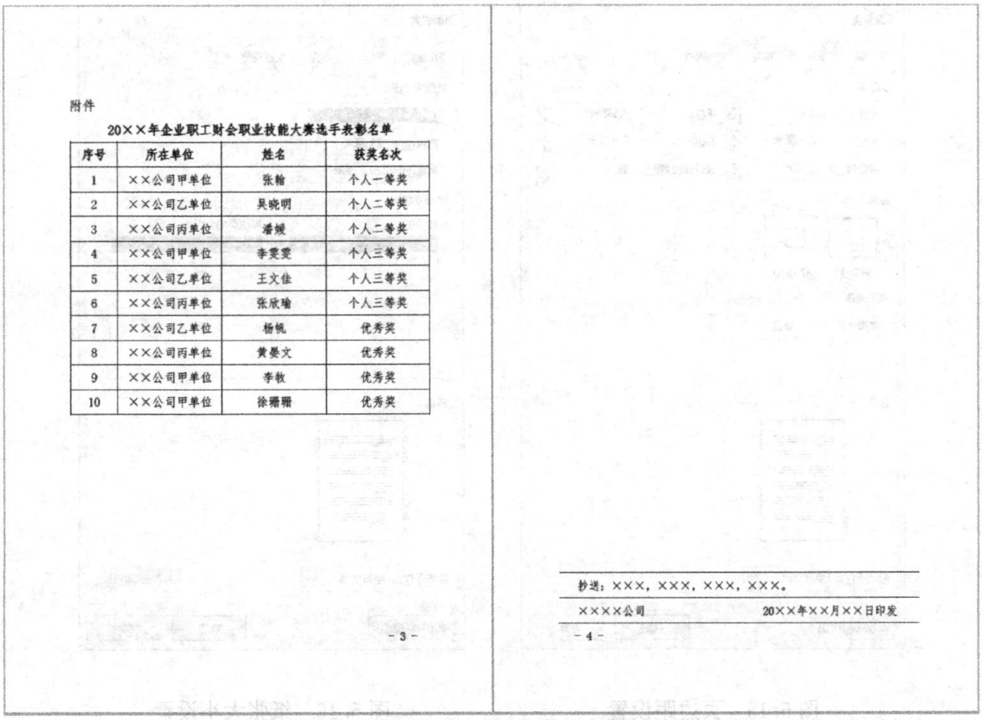

附件

20××年企业职工财会职业技能大赛选手表彰名单

序号	所在单位	姓名	获奖名次
1	××公司甲单位	张榆	个人一等奖
2	××公司乙单位	吴晓明	个人二等奖
3	××公司丙单位	潘媛	个人二等奖
4	××公司甲单位	李雯雯	个人三等奖
5	××公司乙单位	王文佳	个人三等奖
6	××公司丙单位	张欣瑜	个人三等奖
7	××公司乙单位	杨帆	优秀奖
8	××公司丙单位	黄晏文	优秀奖
9	××公司甲单位	李敏	优秀奖
10	××公司甲单位	徐珊珊	优秀奖

- 3 -

抄送：×××，×××，×××，×××。

××××公司　　20××年××月××日印发

- 4 -

图 5.14　完成效果图二

3. 案例实操

(1) 公文的标准页面设置。

步骤 1：页边距设置为上边距 3.7 厘米，下边距 3.5 厘米，左边距 2.8 厘米，右边距 2.6 厘米，纸张大小设置为“A4”，如图 5.15 和图 5.16 所示。

步骤 2：在“页面设置”下“版式”中将“页眉和页脚”设置成“奇偶页不同”，“页脚”设为“2.5 厘米”。

步骤 3：将页面版心设置为以三号仿宋字体为标准、每页 22 行、每行 28 个汉字的国家标准格式。

在“页面设置”下“文档网格”中，单击右下角的“字体设置”，将“中文字体”设置为“仿宋”，“字号”设置为“三号”，单击“确定”，如图 5.17 所示。返回“文档网格”对话框选中“指定行和字符网格”，将“每行”设置为“28 个字符”，“每页”设置为“22 行”，最后单击“确定”，如图 5.18 所示。

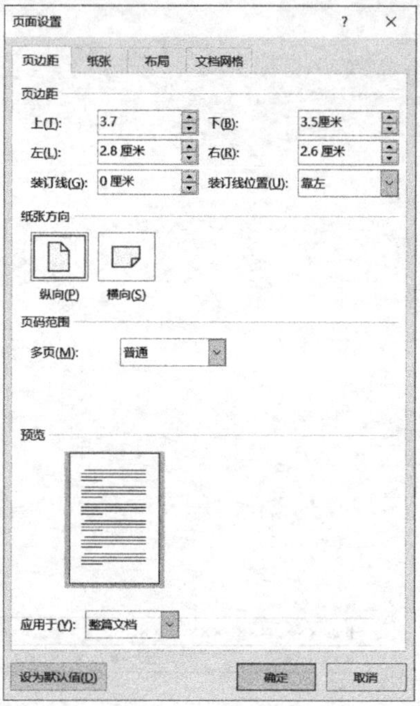

图 5.15 页边距设置

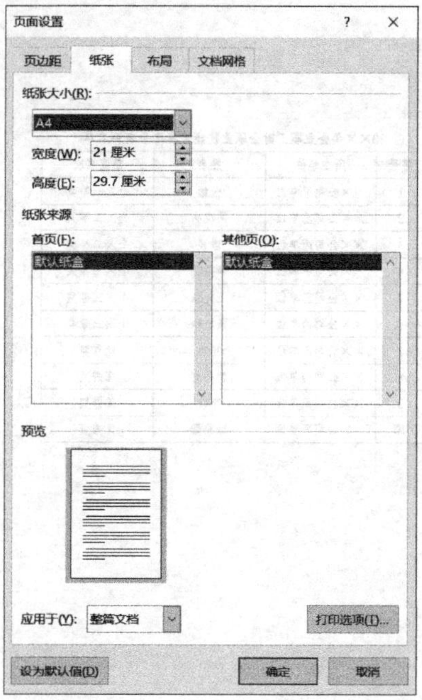

图 5.16 纸张大小设置

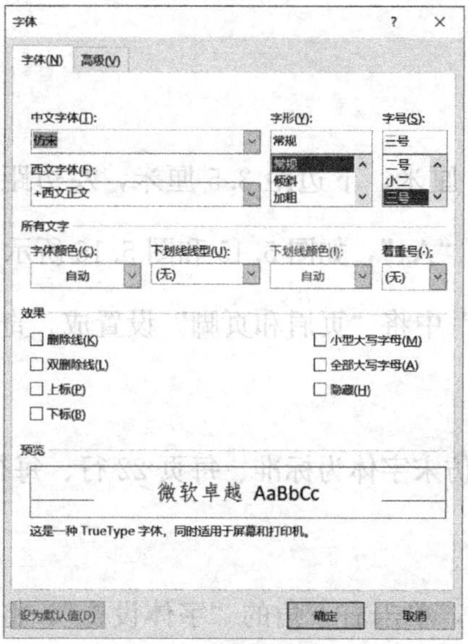

图 5.17 字体设置

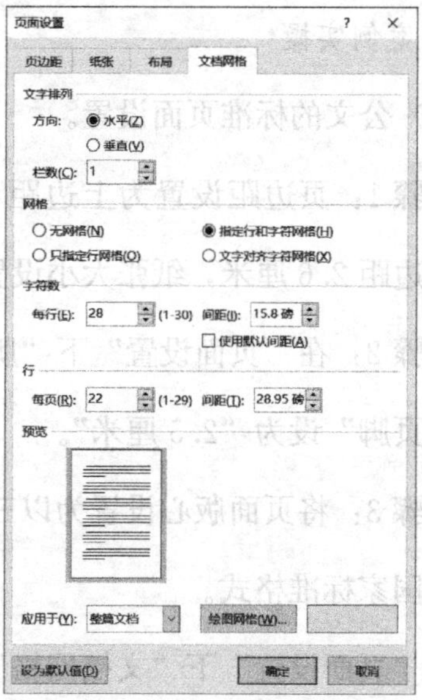

图 5.18 文档网格设置

（2）公文页码设置。公文页码一般用四号半角宋体阿拉伯数字，编排在公文版心下边缘之下，数字左右各放一条一字线，奇数页居右空一字，偶数页居左空一字。在公文的附件与正文一起装订时，页码应连续编排。

步骤 1：在“插入”选项卡“页码”中选择“页面底端”的“普通数字 3”，“页码格式”设置为“－ 1 －，－ 2 －，－ 3 －”，如图 5.19 和图 5.20 所示。选中页码及左右两侧的一字线，将页码字体设为“宋体”，字号设为“四号”，在最右侧空一字，则文档奇数页页码设置完成。用同样的方法设置偶数页页码。

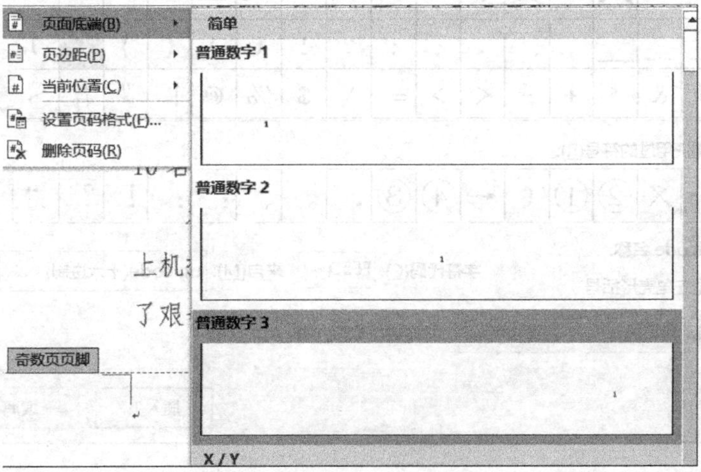

图 5.19　页码显示位置选择

（3）公文文头设置。在文档页面顶端空三行，将文头“××××公司文件”字体设置为“宋体，加粗”，大小设为“60 磅”，颜色为“红色”。若文头较长无法在一排显示完，可选中文头内容，按“Ctrl＋D”组合键打开字体设置选项，在高级设置中调整“字符间距”中的缩放值，使文头内容在一排显示完整。

（4）公文文号制作。在本案例中，文号格式应设置为“三号仿宋、居中”，位置在文头下空一行显示。其中公文文号要使用六角符号括起来，

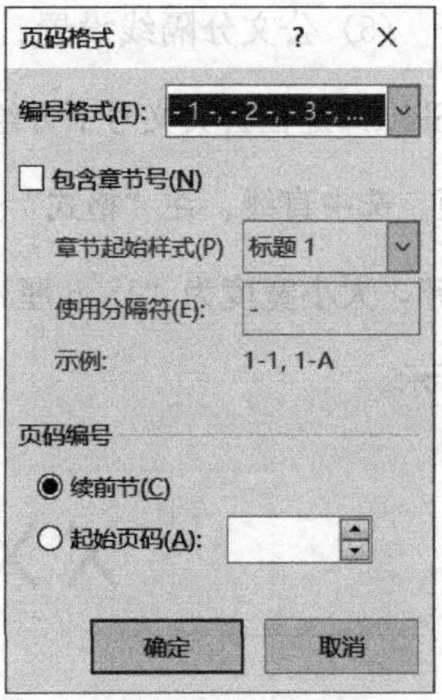

图 5.20　页码格式设置

在“插入”→“符号”→“其他符号”中找到六角符号进行插入，如图 5.21 所示。

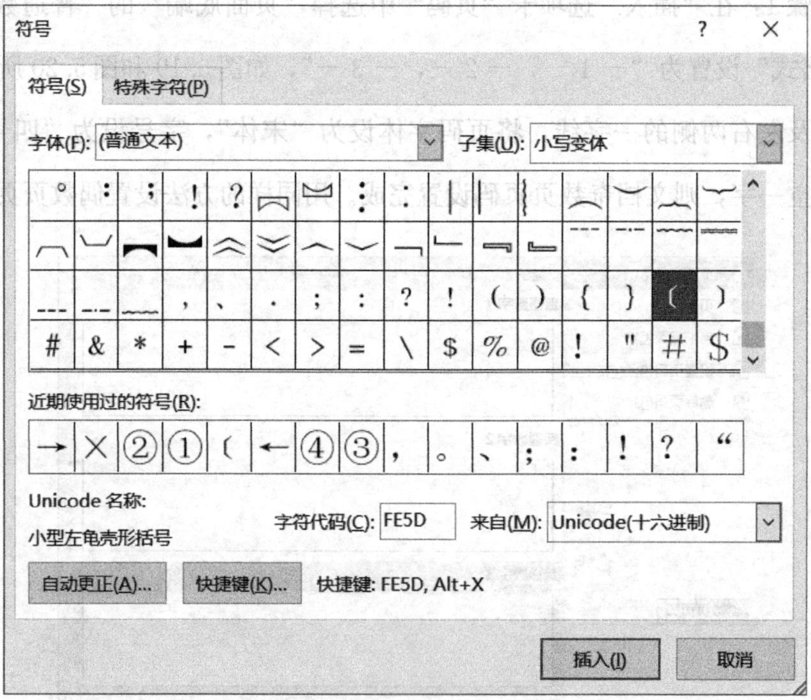

图 5.21　六角符号插入

（5）公文分隔线设置。在“插入”选项卡“形状”中选择“直线”，按住“Shift”键在公文文号下方绘制一条直线，注意不要紧挨着文号，要留出一定间距。选中直线，在“格式”选项卡中，设置直线颜色为“红色”，粗细为“1.25 磅”，大小宽度为“15.6 厘米”，对齐方式为“水平居中”，完成后效果如图 5.22 所示。

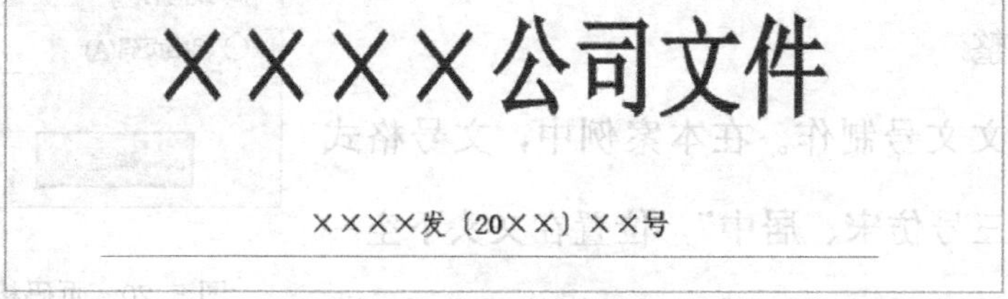

图 5.22　插入分隔线后效果图

(6) 公文正文排版。

标题：位于红色分隔线下空两行位置，设置为“二号、宋体、加粗”，居中显示。

主送机关：位于标题下空一行位置，冒号使用全角符号，字体字号为“三号仿宋体”，居左顶格显示。

正文：使用三号仿宋字体，段落行距使用“单倍行距”。

附件：是正文内容的组成部分，位于正文下空一行，首行缩进 2 字符，字体字号为“三号仿宋体”。“附件”二字后标全角冒号和附件名称，附件名称后不加标点符号。

发文机关署名：距最后一行正文内容 3 个空行，字体字号为“三号仿宋体”，以成文日期为准居中显示。

成文日期：位于发文机关下方右空 4 字格，字体字号为“三号仿宋体”。

(7) 完成附件中表格的设置。本案例附件应与公文正文一起装订，在正文后另起一页，在第一行左上角顶格标识“附件”二字，若有序号时标识序号。

步骤 1：附件标题文本设置为“三号、仿宋、加粗”，除附件标题外，将附件文本内容转换为 11 行 4 列的表格。鼠标选中要转换为表格的 11 行文字，在“插入”选项卡的“表格”选项组中，单击“表格”按钮，选择“文本转换成表格”选项，弹出“将文字转换成表格”对话框，填写指定的行、列数，单击“确定”按钮，如图 5.23 所示。

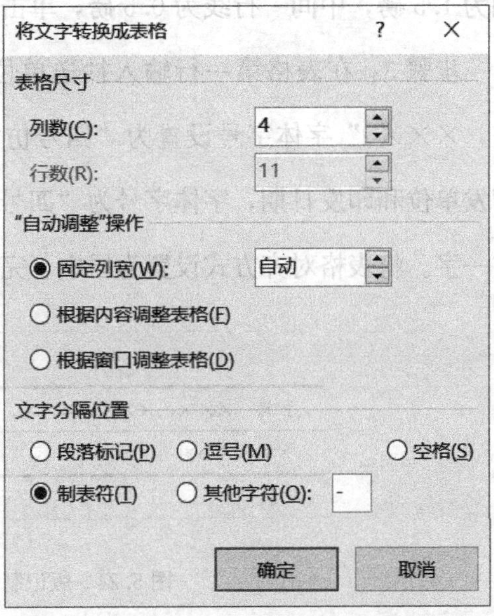

图 5.23　将文本内容转换成表格

步骤 2：选中转换后的表格，在

弹出的“布局”选项卡中设置表格行高度为1厘米，“序号”列列宽为“2厘米”，剩余三列列宽为“4.5厘米”。表格设置为居中，表格所有文字水平居中显示。文字内容设置为“三号、仿宋”。

(8) 公文版记制作。版记位于最后一页最下面的位置，因现行的规范要求公文双面打印，因此公文的最后一页必定为偶数页，若公文在奇数页完结，则版记要排在下一页即偶数页中，否则打印出背面的偶数页空白，不是一个整体。因本案例中公文在奇数页完结，则需要另起一页制作版记。

步骤1：光标移动到页末，单击“布局”选项卡中的“分隔符”，选择“下一页”。单击“页面设置”中“更多”选项，在弹出的“页面设置”对话框“布局”的“页面”中将“垂直对齐方式”选项设置为“底端对齐”，单击“确定”。选择“插入”→“表格”，插入一个“1列2行”的表格，表格列宽设置为“15.6厘米”。

步骤2：选中表格，在弹出的“设计”选项卡中打开“边框和底纹”对话框，在“预览”窗口中将所有的竖线取消。设置第一行上线和第二行下线的粗细为1.5磅，中间一行线为0.5磅，单击“确定”。

步骤3：在表格第一行输入抄送单位信息“抄送：×××，×××，×××，×××。”字体字号设置为“四号仿宋体”，左右各空一字；在第二行输入印发单位和印发日期，字体字号为“四号仿宋体”，印发单位左空一字，日期右空一字。将表格对齐方式设置为居中。完成效果如图5.24所示。

抄送：×××，×××，×××，×××。	
××××公司	20××年××月××日印发

- 4 -

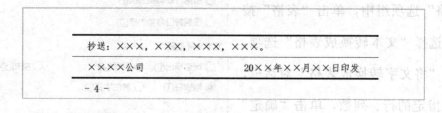

图5.24 版记制作完成效果图

5.3　案例 3 常用文档排版

1. 知识要点

(1) 对文档字体、段落格式编辑设置进行训练。

(2) 页面布局的设置，调整纸张方向。

(3) 设计页面边框、颜色。

(4) 在文档中设置页眉、页码。

(5) 能区分文档分页和分节操作。

(6) 文档封面排版设计。

2. 案例要求

子案例 1：在 Word 中对案例素材“大学生活动策划书 .docx”进行排版，制作策划书封面，对文档内容进行文字、段落等编辑操作，并为文档插入页眉和页码，最后插入一个活动参与情况登记表并放置于横向页面中，最终呈现一份完整的活动策划书。完成效果如图 5.25 和图 5.26 所示。

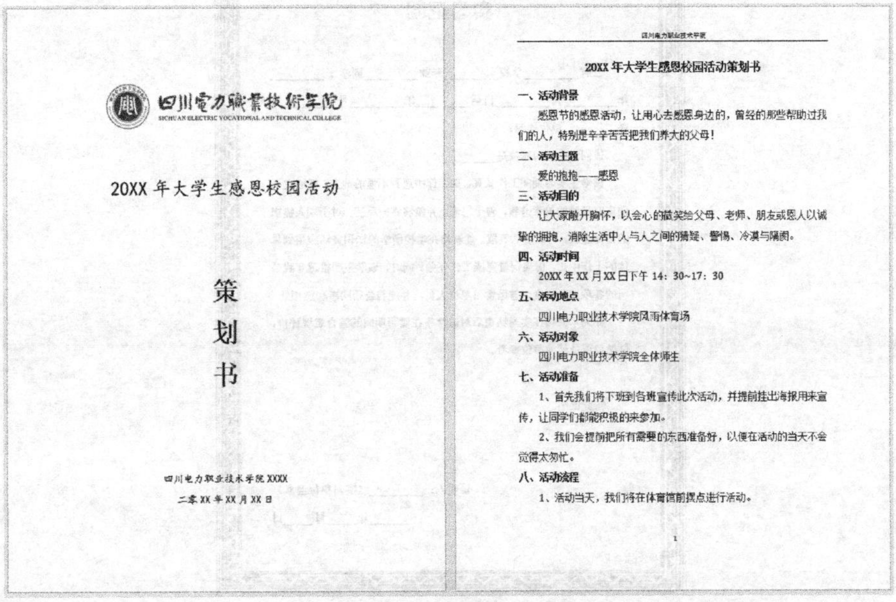

图 5.25　大学生活动策划完成效果一

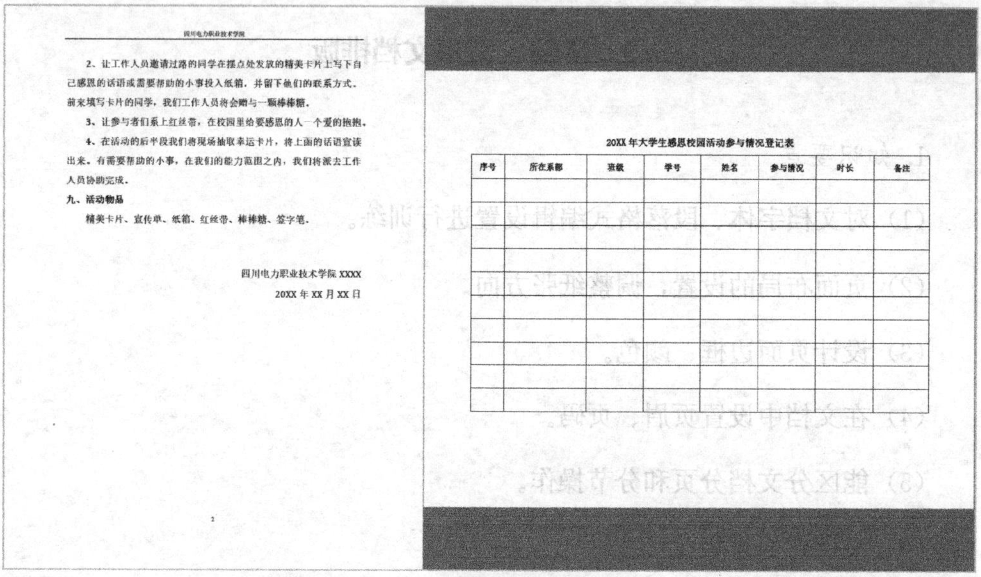
四川电力职业技术学院

2、让工作人员邀请过路的同学在摆点处发放的精美卡片上写下自己感恩的话语或需要帮助的小事投入纸箱，并留下他们的联系方式。前来填写卡片的同学，我们工作人员将会赠与一颗棒棒糖。

3、让参与者们系上红丝带，在校园里给要感恩的人一个爱的抱抱。

4、在活动的后半段我们将现场抽取幸运卡片，将上面的话语宣读出来。有需要帮助的小事，在我们的能力范围之内，我们将派去工作人员协助完成。

九、活动物品

精美卡片、宣传单、纸箱、红丝带、棒棒糖、签字笔。

四川电力职业技术学院 XXXX

20XX 年 XX 月 XX 日

2

20XX 年大学生感恩校园活动参与情况登记表

序号	所在系部	班级	学号	姓名	参与情况	时长	备注

图 5.26　大学生活动策划完成效果二

子案例 2：在 Word 中对案例素材“大学生实习证明 .docx”进行排版，完成页面布局设置并对页面颜色、边框等进行设计。完成效果如图 5.27 所示。

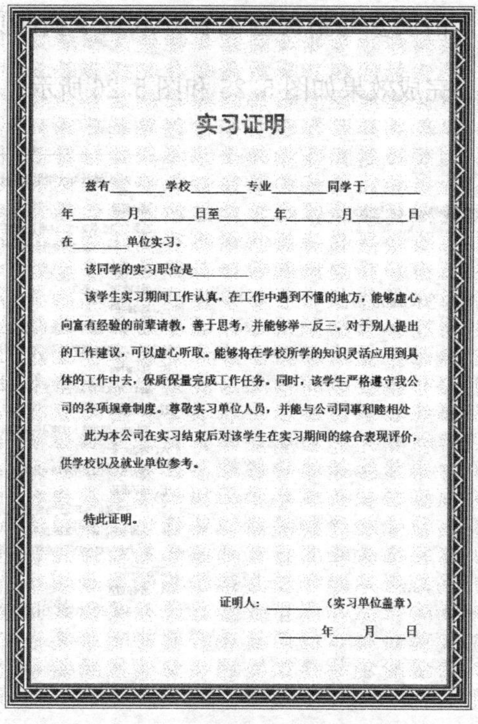
实习证明

兹有________学校________专业________同学于________

年________月________日至________年________月________日

在________单位实习。

该同学的实习职位是________

该学生实习期间工作认真，在工作中遇到不懂的地方，能够虚心向富有经验的前辈请教，善于思考，并能够举一反三。对于别人提出的工作建议，可以虚心听取。能够将在学校所学的知识灵活应用到具体的工作中去，保质保量完成工作任务。同时，该学生严格遵守我公司的各项规章制度。尊敬实习单位人员，并能与公司同事和睦相处

此为本公司在实习结束后对该学生在实习期间的综合表现评价，供学校以及就业单位参考。

特此证明。

证明人：________（实习单位盖章）

________年____月____日

图 5.27　大学生实习证明完成效果

3. 案例实操

子案例 1：大学生活动策划书实操

(1) 对素材文字内容的字体、大小及段落格式进行设置，使素材文档内容具有规范性（字体、文字大小、段落间距可自行设计）。参考设置：标题为“宋体、三号、加粗；居中；段前段后间距 1.5 行”，正文为“宋体、四号；两端对齐；段落首行缩进 2 字符、1.5 倍行距”，落款为“右对齐”。

(2) 新建自定义样式：为“一、活动背景”及其他 8 个同级标题设置样式。

步骤 1：选中“一、活动背景”，单击“开始”选项卡“样式”选项组中右下角的 按钮，打开“样式”任务窗格，单击“样式”任务窗格中左下角的 “新建样式”按钮，弹出“根据格式设置创建新样式”对话框，按照如图 5.28 所示新建自定义样式，并更改段落“缩进”特殊格式为“无”。

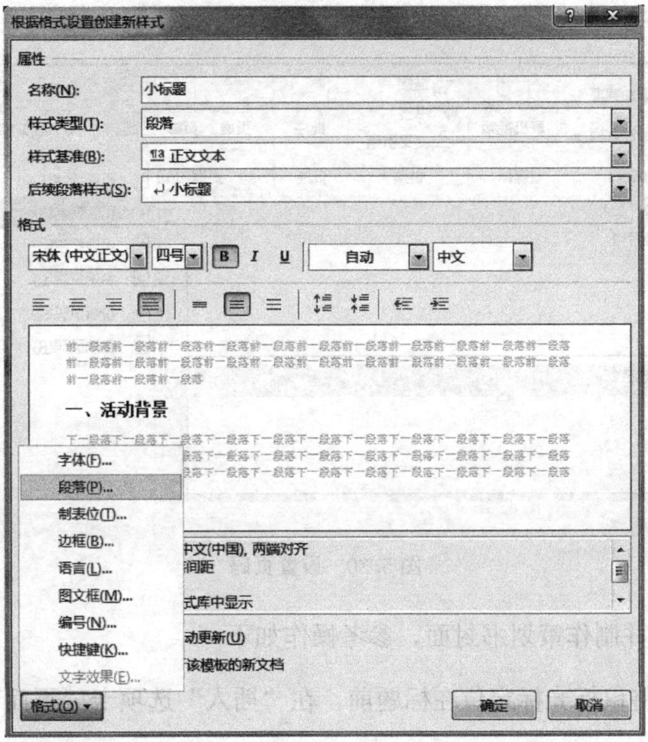

图 5.28 自定义样式设置

步骤 2：设置其他同级标题。找到文中“二、活动主题”。单击“样式”窗格中新建好的“小标题”样式。用同样的方法设置剩余 7 个同级标题。

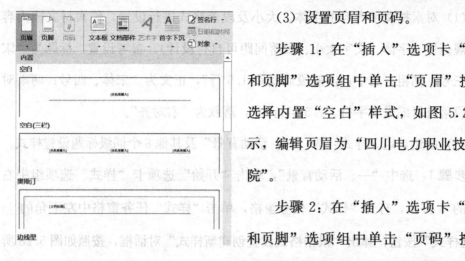

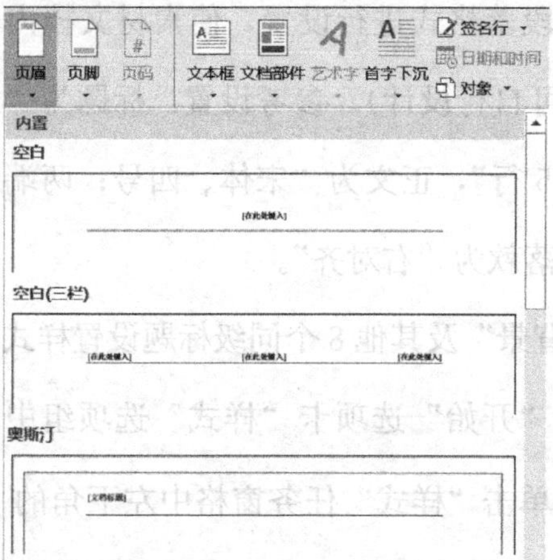

图 5.29 设置页眉

(3) 设置页眉和页码。

步骤 1：在“插入”选项卡“页眉和页脚”选项组中单击“页眉”按钮，选择内置“空白”样式，如图 5.29 所示，编辑页眉为“四川电力职业技术学院”。

步骤 2：在“插入”选项卡“页眉和页脚”选项组中单击“页码”按钮，选择“页面底端”中“普通数字 2”，如图 5.30 所示。

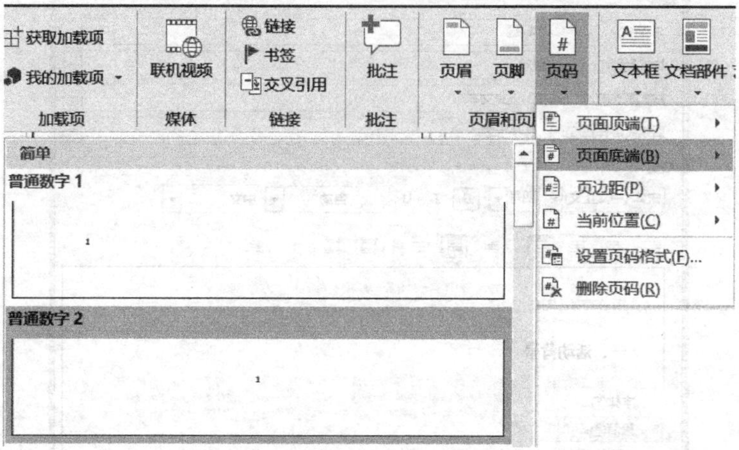

图 5.30 设置页码

(4) 设计并制作策划书封面，参考操作如下。

步骤 1：将鼠标光标定位在标题前，在“插入”选项卡“页面”中单击“空白页”，在空白页第一行中插入图片“四川电力职业技术学院 logo”，调整图片大小并居中设置。

步骤 2：在图片下方输入活动标题“2019 年大学生感恩校园活动”，文字设置为“楷体、一号”，段落对齐方式居中。另起两至三行在页面居中位置输入“策划书”，文字设置为“宋体、小初”，在两字之间进行回车换行使其成竖列显示。

步骤 3：在页面下方居中位置输入活动策划主办方及完成时间等内容，文字设置为“楷体、小四”。

（5）在文档最后制作一个活动参与情况登记表并置于横向页面中。

步骤 1：将光标移动到文末，单击“布局”选项卡中的“分隔符”，选择“下一页”进行分节，此时光标跳转到新一页中。

步骤 2：单击“布局”选项卡中的“纸张方向”，设置纸张方向为“横向”，在该页第一行输入“20××年大学生感恩校园活动参与情况登记表”，设置为“宋体、四号、加粗、居中”。

步骤 3：另起一行插入一个“10 行 8 列”的表格，字段名依次为“序号、所在系部、班级、学号、姓名、参与情况、时长、备注”，文本设置为“宋体、小四、加粗”。调整各列列宽到适当的宽度，表格位置设置为居中，表格所有文字水平居中显示。

子案例 2：大学生实习证明实操

（1）对素材文字内容的字体、大小及段落格式进行设置，使素材文档内容具有规范性（字体、文字大小、段落间距可自行设计）。参考设置：标题为“黑体、一号、加粗；居中；段前间距 5 行，段后间距 2 行”，正文为“宋体、小四；两端对齐；段落首行缩进 2 字符、1.5 倍行距”，落款为“右对齐，2 倍行距”。

（2）对页面布局进行设置，“页面设置”中纸张大小选择 A4，页边距可进行自定义设计，完成上、下、左、右页边距调整。

（3）在“设计”→“页面边框”中对页面边框进行自定义设计，选择“方框”后，完成艺术型、边框颜色和宽度的设计，如图 5.31 所示。

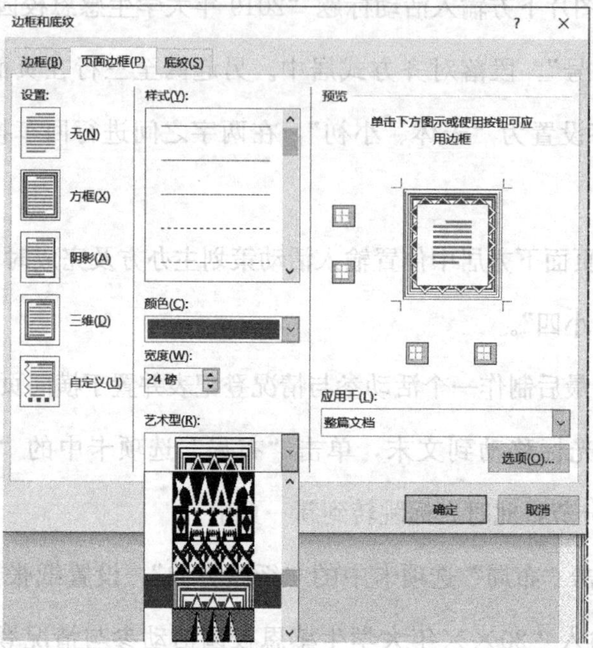

图 5.31　页面边框设置

（4）在页面边框内插入形状，“插入”选项卡中选择“形状”，插入“矩形”，绘制矩形在页面边框图形内，将“形状填充”设为无填充颜色，在“形状轮廓”中完成线条颜色、粗细、虚实等设计。

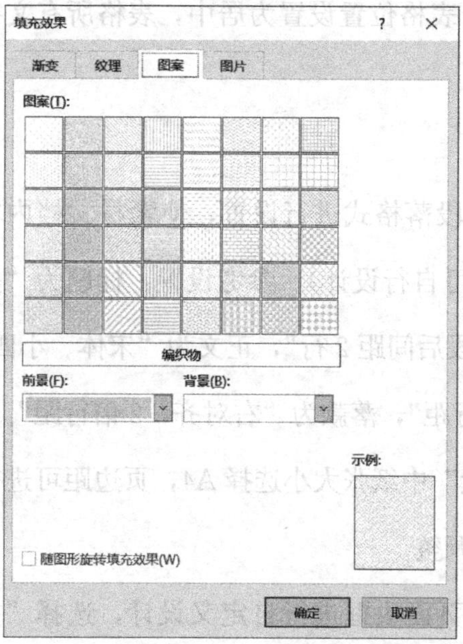

图 5.32　页面颜色设置

（5）在“设计”中设置“页面颜色”，对页面颜色进行图案效果填充，如图 5.32 所示。

（6）将“实习证明”字体效果设置为渐变填充。鼠标选中“实习证明”四个字，在字体颜色中单击“渐变”选择“其他渐变”，弹出设置文本效果格式框，在文本填充中设置渐变填充，对渐变光圈进行自定义设计，如图 5.33 所示。

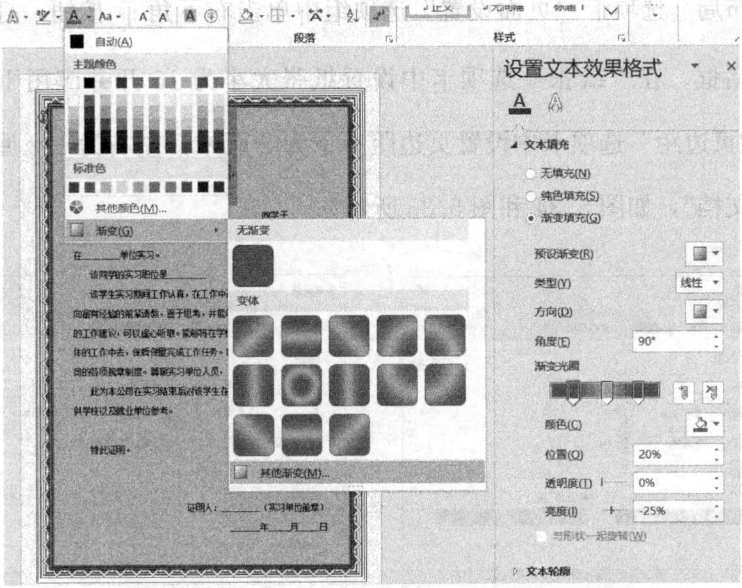

图 5.33　渐变填充设置

5.4　案例 4 文档保存及打印

1. 知识要点

(1) 页面设置，包括页边距、文字及纸张方向等设置。

(2) 文档打印预览及打印设置，包括打印份数、打印范围、单双页打印等设置。

(3) 保护文档设置，为文档设置打开和修改密码。

2. 案例要求

按照要求对 5.3 中子案例 1 完成的文档进行页面设置，并完成打印设置和打印预览，最后对该文档设置打开和修改密码并进行验证。

3. 案例实操

(1) 对文档进行页面设置，纸张大小为“16 开”，“页边距”上下为“2 厘米”，左右为“1.8 厘米”。

在“布局”选项卡“页面设置”选项组中单击右下角↘按钮，打开“页面设置”对话框。在“纸张”选项卡中设置纸张大小为16开并应用于“整篇文档”，在“页边距”选项卡中设置页边距上下为2厘米，左右为1.8厘米，应用于“整篇文档”，如图5.34和图5.35所示。

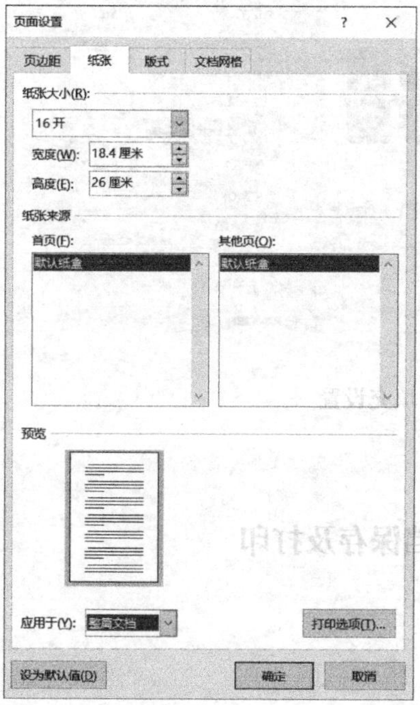

图5.34 纸张大小设置

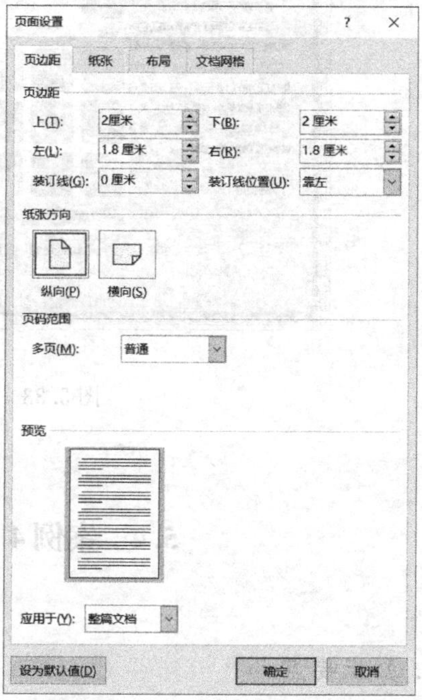

图5.35 页边距设置

(2) 打印预览和打印设置。选择“文件”选项卡中“打印”，出现打印设置界面，设置打印2份，单页打印，拖动右下角显示比例滑块实现对文档的双页预览，如图5.36所示。

(3) 保护文档，设置文档打开及修改密码。

步骤1：单击“文件”→“另存为”→“浏览”，在弹出的“另存为”对话框中单击右下角“工具”并选择“常规选项”，如图5.37所示。

步骤2：弹出“常规选项”对话框，在“此文档的文件加密选项”下设置“打开文件时的密码”和在“此文档的文件共享选项”下设置“修改文件时的密

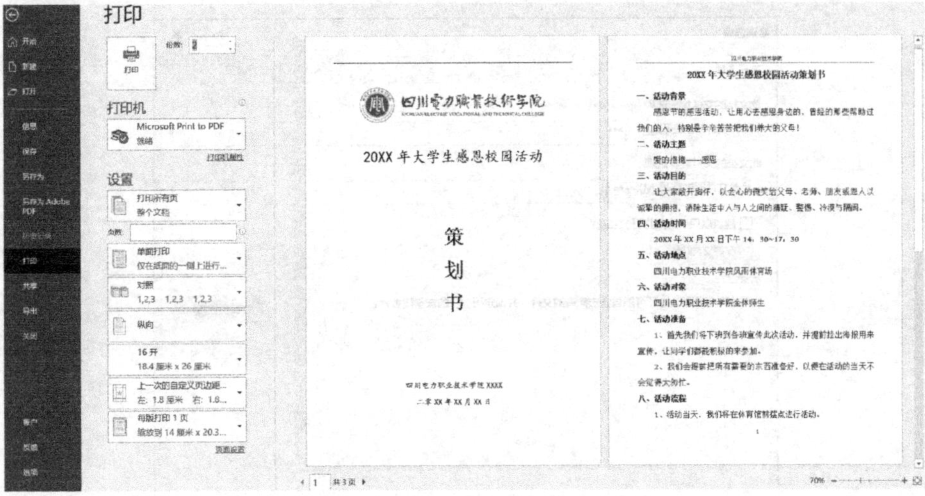

图 5.36　打印预览及打印设置

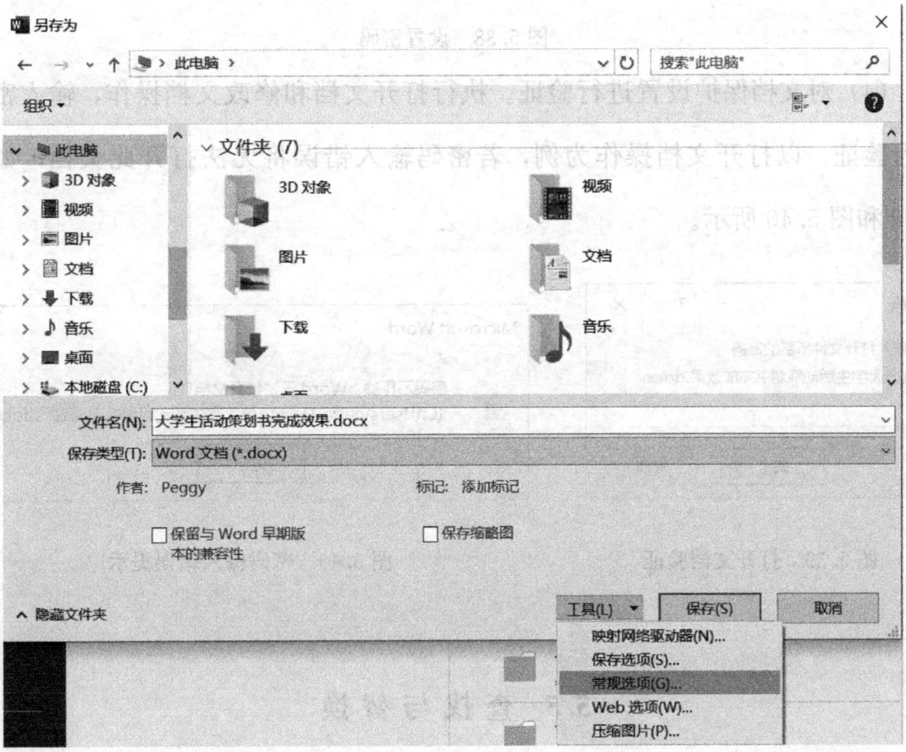

图 5.37　常规选项

码”，均设置为“123”，然后单击“确定”按钮，如图 5.38 所示。

步骤 3：分别弹出打开和修改密码的“确认密码”对话框，再次正确输入刚才所设置的密码后，密码设置成功。

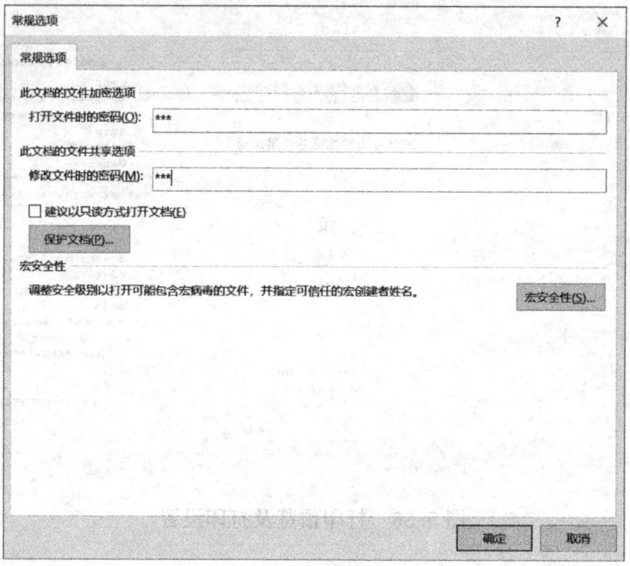

图 5.38 设置密码

(4) 对文档保护设置进行验证。执行打开文档和修改文档操作，输入密码进行验证。以打开文档操作为例，若密码输入错误将无法打开此文档，如图 5.39 和图 5.40 所示。

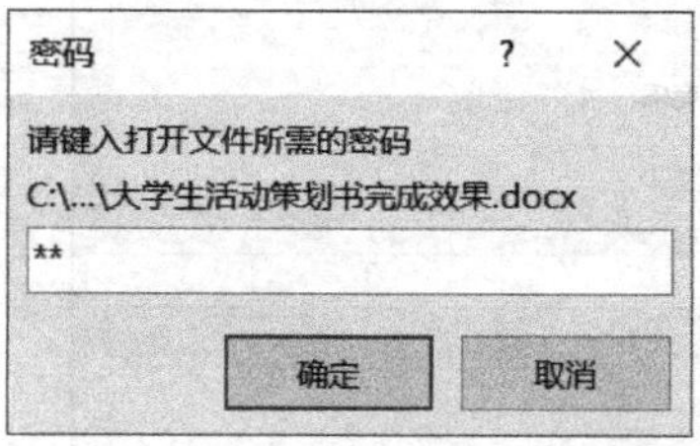

图 5.39 打开文档验证

图 5.40 密码输入错误提示

5.5 查找与替换

1. 知识要点

使用“查找和替换”功能，对文档中的文字、符号和格式等对象进行查找和替换。

2. 案例要求

本案例将根据提供的文档完成以下操作：

(1) 查找文档中所有出现“Hard Disk Drive”的地方，将所有的“Hard Disk Drive”替换为“硬盘”。

(2) 删除连续的“↵”，只保留一个“↵”。

(3) 将正文中的“硬盘”字体加粗。

3. 案例实操

选取科普文档：“硬盘介绍”作为案例，文档部分如图 5.41 所述。

Hard Disk Drive 是计算机最主要的存储设备。Hard Disk Drive 由一个或者多个铝制或者玻璃制的碟片组成。这些碟片外覆盖有铁磁性材料。↵
绝大多数 Hard Disk Drive 都是固定 Hard Disk Drive，被永久性地密封固定在 Hard Disk Drive 驱动器中。早期的 Hard Disk Drive 存储媒介是可替换的，不过今日典型的 Hard Disk Drive 是固定的存储媒介，被封在 Hard Disk Drive 里（除了一个过滤孔，用来平衡空气压力）。随着发展，可移动 Hard Disk Drive 也出现了，而且越来越普及，种类也越来越多.大多数微机上安装的 Hard Disk Drive，由于都采用温切斯特（winchester）技术而被称之为“温切斯特 Hard Disk Drive”，或简称“温盘”。↵
↵
↵
技术参数↵
编辑↵
1、容量↵
作为计算机系统的数据存储器，容量是 Hard Disk Drive 最主要的参数。↵
Hard Disk Drive 的容量以兆字节（MB）或千兆字节（GB）为单位，1GB=1024MB，1TB=1024GB。但 Hard Disk Drive 厂商在标称 Hard Disk Drive 容量时通常取 1G=1000MB，因此我们在 BIOS 中或在格式化 Hard Disk Drive 时看到的容量会比厂家的标称值要小。↵
Hard Disk Drive 的容量指标还包括 Hard Disk Drive 的单碟容量。所谓单碟容量是指 Hard Disk Drive 单片盘片的容量，单碟容量越大，单位成本越低，平均访问时间也越短。对于用户而言，Hard Disk Drive 的容量就象内存一样，永远只会嫌少不会嫌多。Windows 操作系统带给我们的除了更为简便的操作外，还带来了文件大小与数量的日益膨胀，一些应用程序动辄就要吃掉上百兆的 Hard Disk Drive 空间，而且还有不断增大的趋势。因此，在购买 Hard Disk Drive 时适当的超前是明智的。前两年主流 Hard Disk Drive 是 320G，500G，而 750G 以上的大容量 Hard Disk Drive 亦已开始普及，2007 年开始出现 1TB 的大容量 Hard Disk Drive。↵
2、转速↵
转速（Rotationl Speed 或 Spindle speed），是 Hard Disk Drive 内电机主轴的旋转速度，也就是 Hard Disk Drive 盘片在一分钟内所能完成的最大转数。转速的快慢是标示 Hard Disk Drive 档次的重要参数之一，它是决定 Hard Disk Drive 内部传输率的关键因素之一，在很大程度上直接影响到 Hard Disk Drive 的速度。Hard Disk Drive 的转速越快，Hard Disk Drive 寻找文件的速度也就越快，相对的 Hard Disk Drive 的传输速度也就得到了提高。Hard Disk Drive 转速以每分钟多少转来表示，单位表示为 RPM，RPM 是 Revolutions Per minute 的缩写，是转/每分钟。RPM 值越大，内部传输率就越快，访问时间就越短，Hard Disk Drive 的整体性能也就越好。↵

图 5.41　示例图

（1）单击“开始”选项卡，选择“编辑”中的“查找”选项，在软件左侧出现“导航”的悬停窗口，或是按“CTRL＋F”键也可打开该窗口，在文本框中输入“Hard Disk Drive”后，文档中所有“Hard Disk Drive”均高亮凸显，并且在“导航”悬停窗口中，分为按“标题”“页面”和“结果”三种显示方式，如图 5.42 所示。

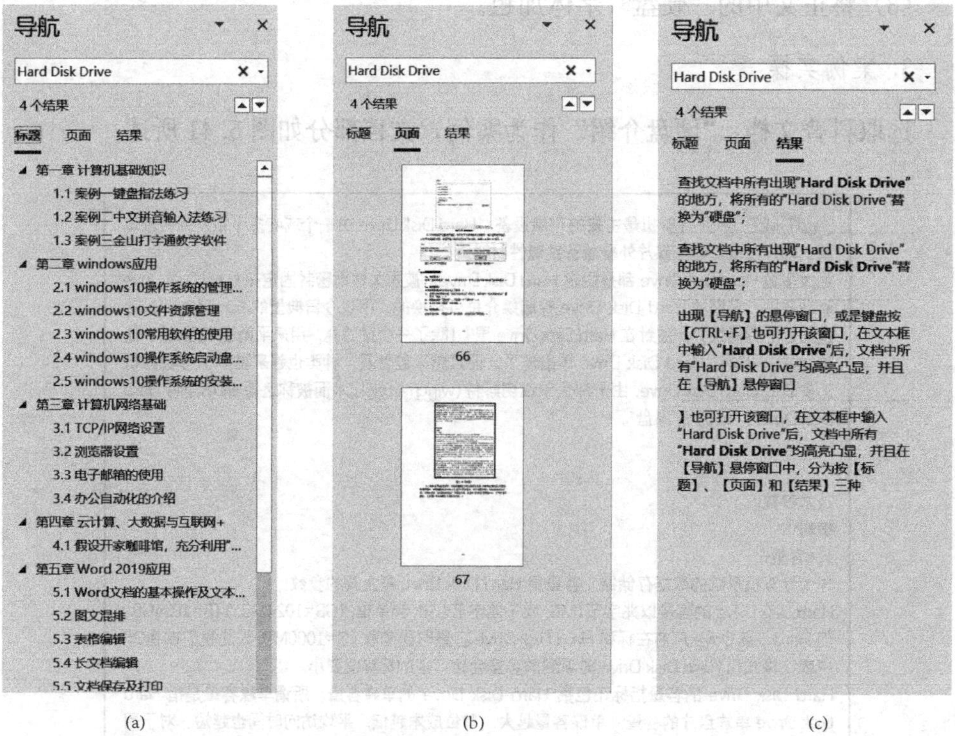

图 5.42　查找的三种显示方式

（a）按照标题显示；（b）按照页面显示；（c）按照结果显示

（2）单击“开始”选项卡，选择“编辑”中的“替换”选项，在软件左方弹出“替换”的悬停窗口，将需要替换的文本硬盘输入悬停窗口内的“替换为”对应工作区，操作如图 5.43 所示。

此处需将文档内的“Hard Disk Drive”进行全部替换，单击“全部替换”按钮，进行全局替换，替换后的部分结果如图 5.44 所示。

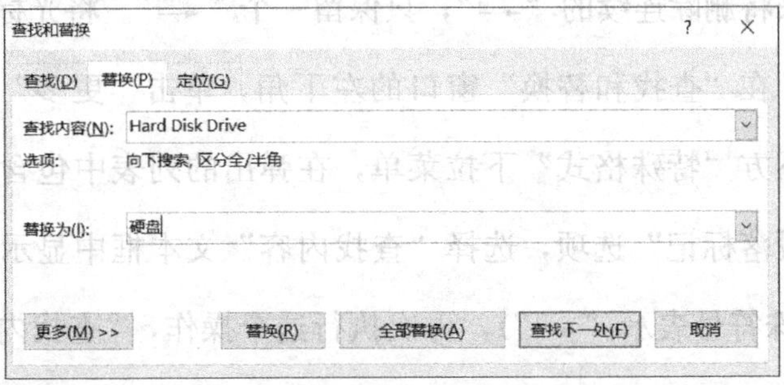

图 5.43 替换悬浮窗口

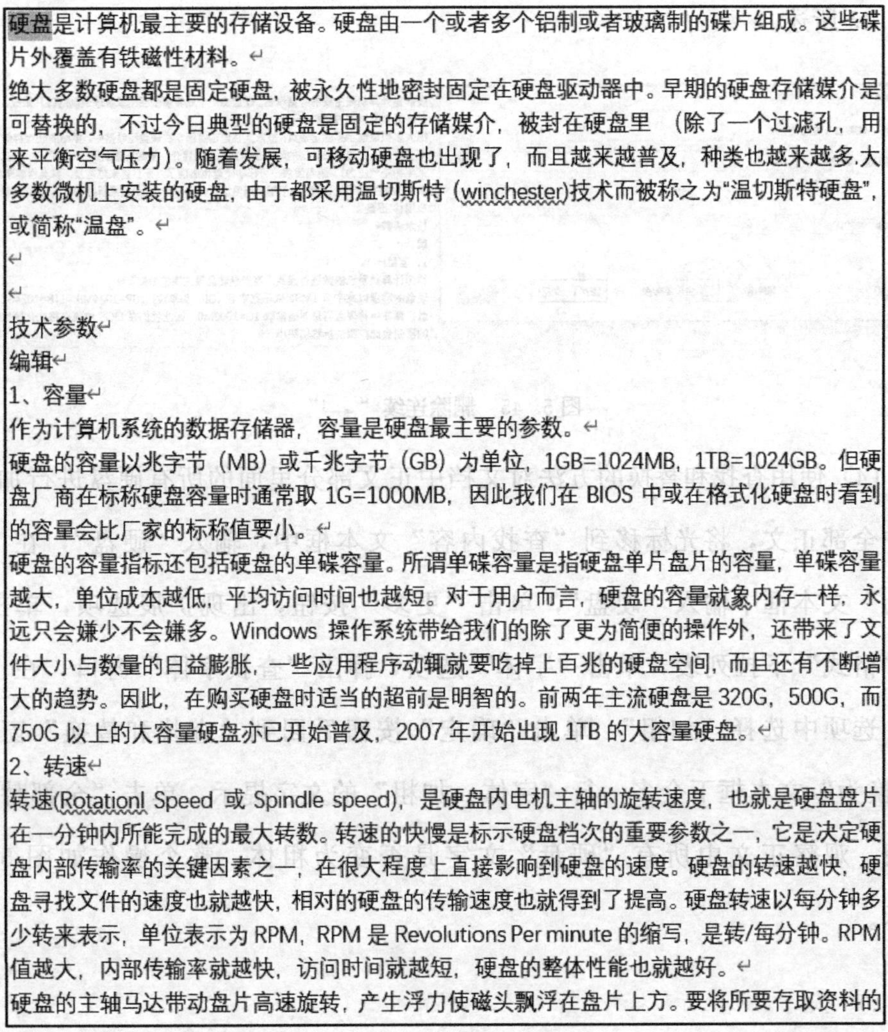

硬盘是计算机最主要的存储设备。硬盘由一个或者多个铝制或者玻璃制的碟片组成。这些碟片外覆盖有铁磁性材料。↵
绝大多数硬盘都是固定硬盘，被永久性地密封固定在硬盘驱动器中。早期的硬盘存储媒介是可替换的，不过今日典型的硬盘是固定的存储媒介，被封在硬盘里 （除了一个过滤孔，用来平衡空气压力）。随着发展，可移动硬盘也出现了，而且越来越普及，种类也越来越多.大多数微机上安装的硬盘，由于都采用温切斯特（winchester)技术而被称之为“温切斯特硬盘”，或简称“温盘”。↵
↵
↵
技术参数↵
编辑↵
1、容量↵
作为计算机系统的数据存储器，容量是硬盘最主要的参数。↵
硬盘的容量以兆字节（MB）或千兆字节（GB）为单位，1GB=1024MB，1TB=1024GB。但硬盘厂商在标称硬盘容量时通常取 1G=1000MB，因此我们在 BIOS 中或在格式化硬盘时看到的容量会比厂家的标称值要小。↵
硬盘的容量指标还包括硬盘的单碟容量。所谓单碟容量是指硬盘单片盘片的容量，单碟容量越大，单位成本越低，平均访问时间也越短。对于用户而言，硬盘的容量就象内存一样，永远只会嫌少不会嫌多。Windows 操作系统带给我们的除了更为简便的操作外，还带来了文件大小与数量的日益膨胀，一些应用程序动辄就要吃掉上百兆的硬盘空间，而且还有不断增大的趋势。因此，在购买硬盘时适当的超前是明智的。前两年主流硬盘是 320G，500G，而 750G 以上的大容量硬盘亦已开始普及，2007 年开始出现 1TB 的大容量硬盘。↵
2、转速↵
转速(Rotationl Speed 或 Spindle speed)，是硬盘内电机主轴的旋转速度，也就是硬盘盘片在一分钟内所能完成的最大转数。转速的快慢是标示硬盘档次的重要参数之一，它是决定硬盘内部传输率的关键因素之一，在很大程度上直接影响到硬盘的速度。硬盘的转速越快，硬盘寻找文件的速度也就越快，相对的硬盘的传输速度也就得到了提高。硬盘转速以每分钟多少转来表示，单位表示为 RPM，RPM 是 Revolutions Per minute 的缩写，是转/每分钟。RPM 值越大，内部传输率就越快，访问时间就越短，硬盘的整体性能也就越好。↵
硬盘的主轴马达带动盘片高速旋转，产生浮力使磁头飘浮在盘片上方。要将所要存取资料的

图 5.44 替换后的文档

(3) 接下来将删除连续的“↵”，只保留一个“↵”。将光标移到“查找内容”文本框中，在“查找和替换”窗口的左下角，单击“更多”按钮，出现扩展选项，单击下方“特殊格式”下拉菜单，在弹出的列表中包含很多特殊的标记符，单击“段落标记”选项，选择“查找内容”文本框中显示对应的特殊符号“^p”(此特殊符号表示“↵”)，再次执行这个操作，“查找内容”文本框中显示“^p^p”，此特殊符号表示连续两个“↵”，完成输入后将光标移到“替换为”文本框中，在此文本框中输入“^p”，单击“全部替换”按钮，整个操作如图 5.45 所述。

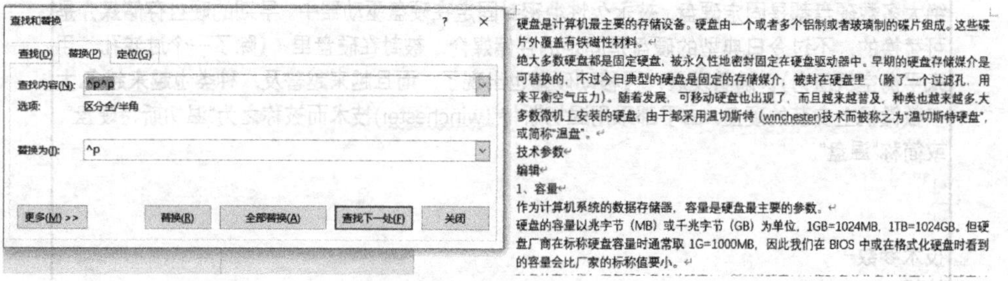

图 5.45 删除连续“↵”

(4) 使用查找和替换的方法对文档中正文部分里面的所有硬盘进行加粗。选中全部正文，将光标移到“查找内容”文本框中，输入“硬盘”，在“替换为”文本框中输入“硬盘”，单击“更多”按钮，出现扩展选项，单击下方“格式”下拉列表，单击“字体”选项，弹出“查找字体”窗口，在“字形”选项中选择“加粗”，单击“确定”按钮后回到“查找和替换”窗口，“替换为”文本框下会多一行“字体：加粗”的文字提示，单击“全部替换”按钮，观察正文中所有“硬盘”文字是否变为粗体。整个操作如图 5.46 所示。

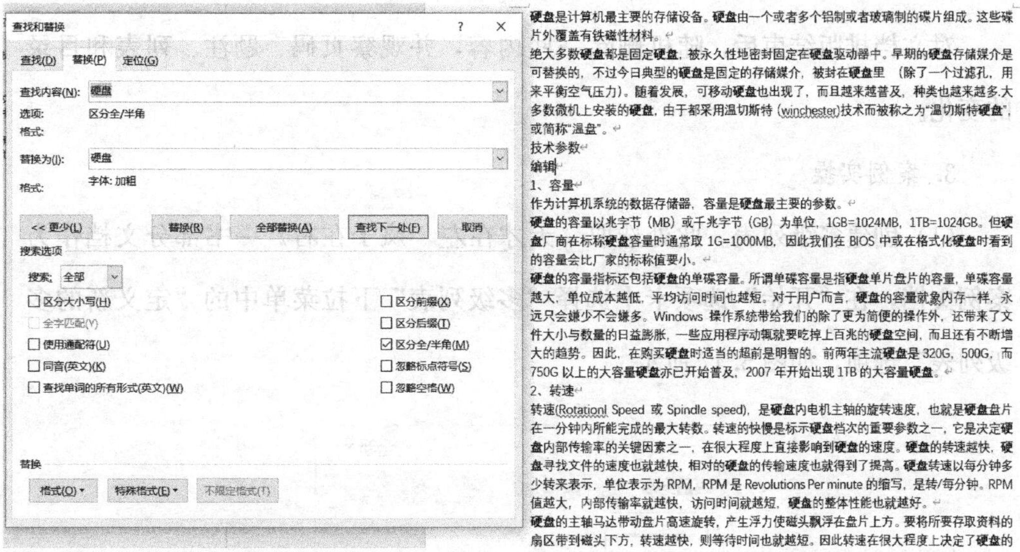

图 5.46 字体加粗

5.6 长文档排版

1. 知识要点

掌握以下操作：

（1）创建多级列表。

（2）插入题注。

（3）交叉引用。

（4）添加和管理脚注和尾注。

（5）设置页眉和页脚。

（6）设置目录。

2. 案例要求

本案例主要针对长文档进行排版操作，通过操作熟练掌握在长文档中创建多级列表；插入题注；正确使用交叉引用；添加和管理脚注和尾注；页眉和页脚的操作；设置目录。

对文档排版结束后，随机删除一些内容，并观察页码、题注、列表和目录的变化。

3. 案例实操

（1）创建多级列表。此处选取《天才在左　疯子在右》一书部分文档作为案例文档，在“开始”选项卡中选择“多级列表”下拉菜单中的“定义新的多级列表”选项，如图 5.47 所示。

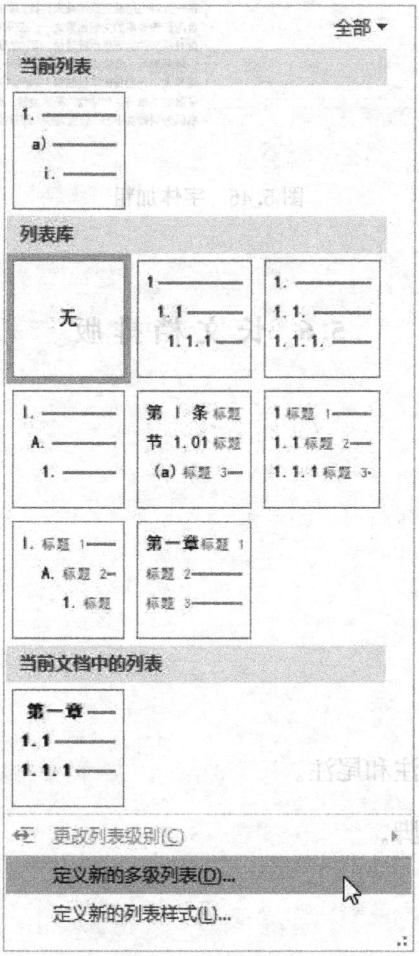

图 5.47　多级列表下拉菜单

弹出“定义新多级列表”窗口，如图 5.48 所示。

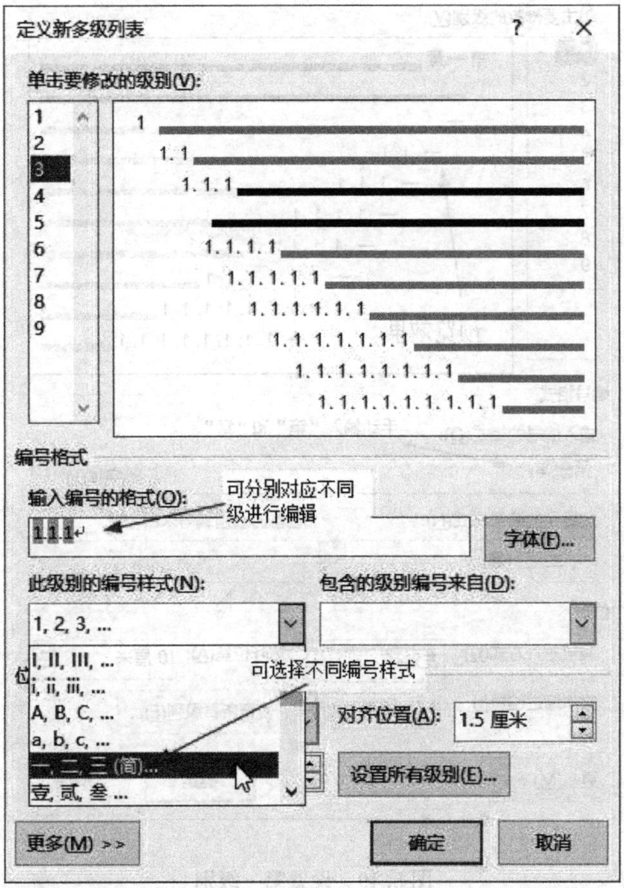

图 5.48　定义新多级列表

此窗口中可以对每个级别的样式进行设置，选中要修改的级别，可针对该级别设置输入编号的格式和该级别编号样式。注意：常规设置很多时候不能达到我们预期需要的效果，比如：第一级别设置为“第一章”、第二级别设置为“1.1”、第三级别设置为“1.1.1”，若遇到这类需求，可这么设置：首先设置第一级别，如图 5.49 所示。

当在“此级别的编号样式”中选择“一、二、三（简）”，并在“输入编号的格式”文本输入框中手动输入“第”和“章”后，切忌不能改动中间带有灰色底纹的编号，可以任意在旁边加字，在文本输入框中显示“第一章”，但同时

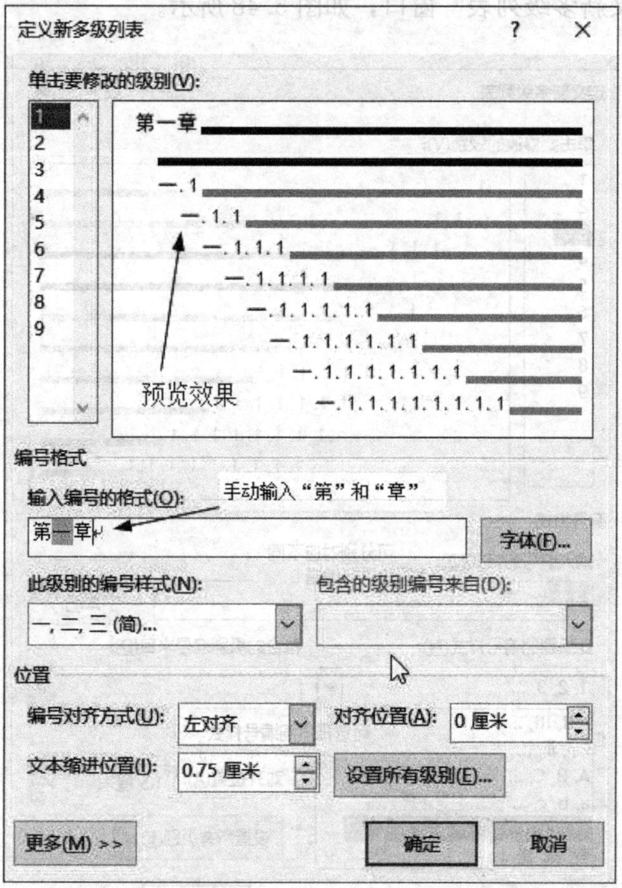

图 5.49 设置第一级别

看到预览效果中所有一级编号均变为“一”，然后单击左下角“更多”按钮，如图 5.50 所示。

设置右上“将级别链接到样式”，选择与级别对应的样式，比如级别一对应标题一；级别二对应标题二，依次类推，标题样式可以在设置完多级列表后自行修改字体、段落等样式，通过链接到对应的样式，可得到对应样式的大纲级别；指定了大纲级别后，文档就可在大纲视图或文档结构图中进行处理，也能在后期生成目录。

设置好每个级别的样式后，选择 2 级别，勾选“正规形式编号”，这时“输入编号的格式”文本输入框中原来的“一 .1”已变为“1.1”，使用同样的方法

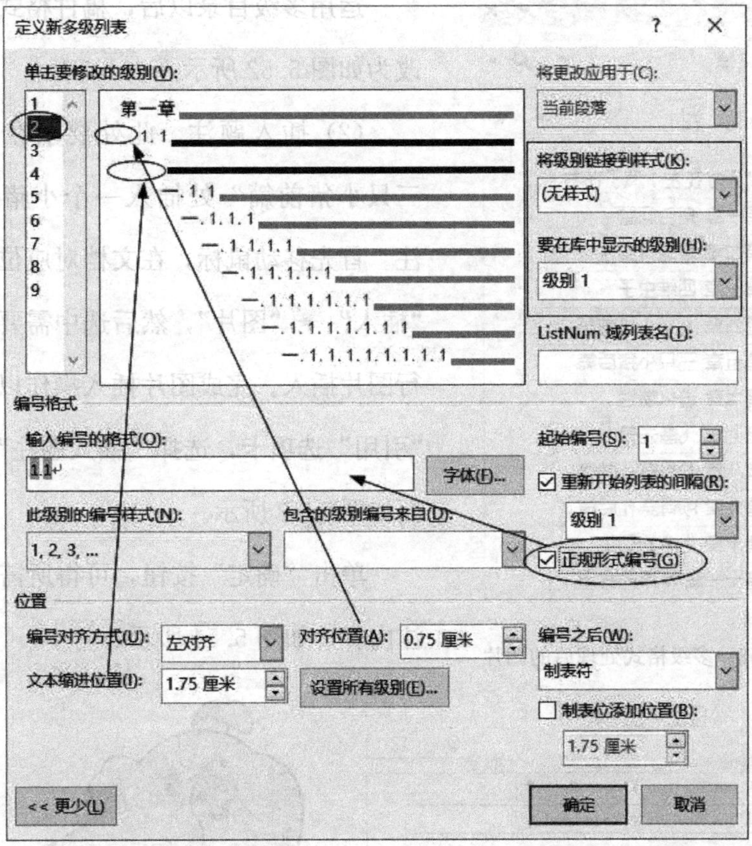

图 5.50　单击“更多”按钮后的窗口

可以对其他级别进行设置，如图 5.51 所示。

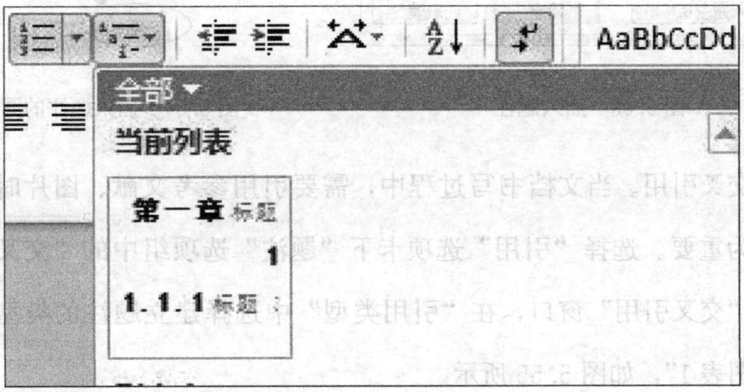

图 5.51　选中的多级级别样式

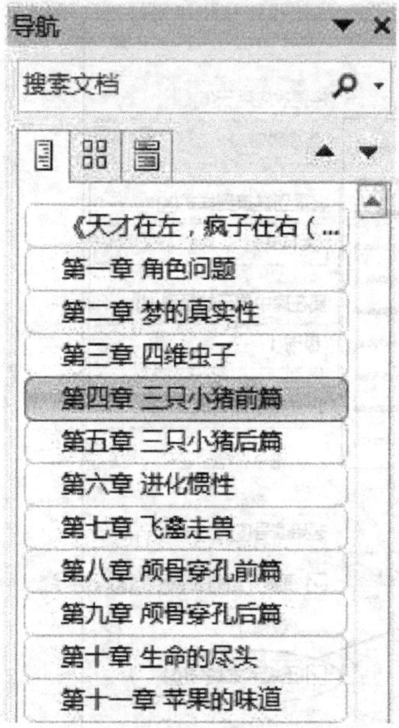

图 5.52　多级格式处理后的图片

运用多级目录以后，稿件格式会自动修改为如图 5.52 所示。

(2) 插入题注。此处要求在“第四章 三只小猪前篇”处插入一个小猪图片的题注。首先移动鼠标，在文档对应位置处选择“插入”→“图片”，然后选中需要的图片进行图片插入。完成图片插入操作以后，单击“引用”选项卡，选择“插入题注”。操作页面如图 5.53 所示。

单击“确定”按钮，可得所需的图片题注内容，如图 5.54 所示。

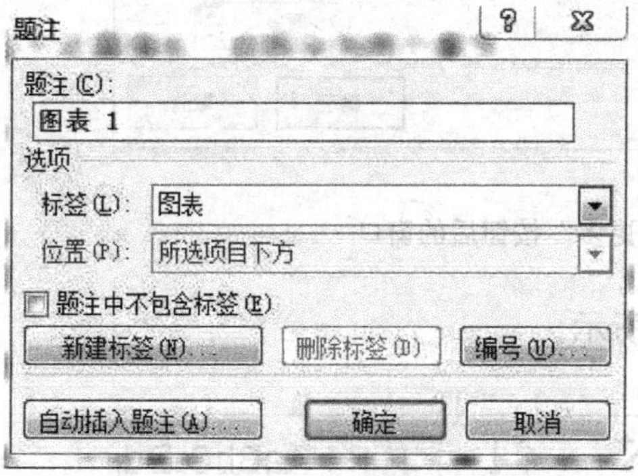

图 5.53　插入题注

图 5.54　插入题注的图片

(3) 交叉引用。当文档书写过程中，需要引用参考文献、图片时，交叉引用显得尤为重要。选择“引用”选项卡下“题注”选项组中的“交叉引用”命令，弹出“交叉引用”窗口，在“引用类型”中选择建立题注的类型，如步骤(2) 中“图表 1”，如图 5.55 所示。

单击“插入”按钮，即可引用刚刚设置的题注，引用之后文字会随题注变化而变化。

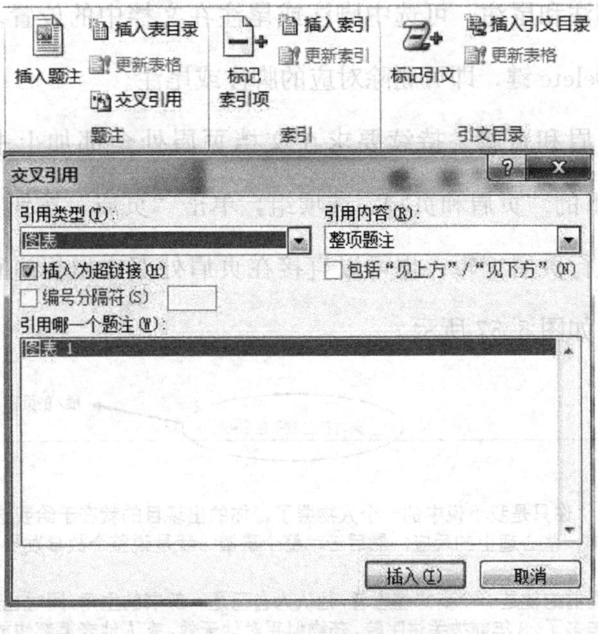

图 5.55　交叉引用图片

（4）添加和管理脚注和尾注。此处要求在文档“第三章 四维虫子”处插入对四维解释的脚注。将光标定位到需要插入脚注的位置，选择“引用”选项卡，在“脚注”选项组中单击“插入脚注”按钮，在指定的位置上会出现上标的序号“1”，在页面底端也会同时出现序号“1”，且光标在序号“1”后闪烁。

【提示】如果添加的是尾注，则在文档末尾出现序号“1”。

在输入脚注或尾注后的效果如图 5.56 所示。

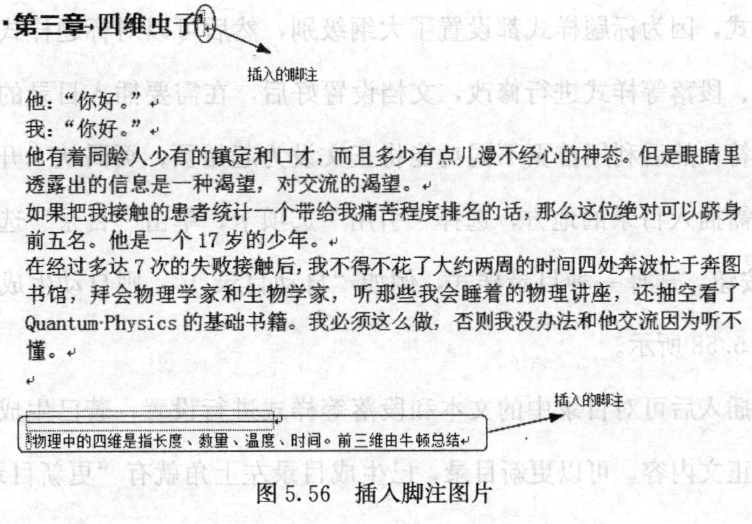
第三章 四维虫子
插入的脚注
他：“你好。”
我：“你好。”
他有着同龄人少有的镇定和口才，而且多少有点儿漫不经心的神态。但是眼睛里透露出的信息是一种渴望，对交流的渴望。
如果把我接触的患者统计一个带给我痛苦程度排名的话，那么这位绝对可以跻身前五名。他是一个 17 岁的少年。
在经过多达 7 次的失败接触后，我不得不花了大约两周的时间四处奔波忙于奔图书馆，拜会物理学家和生物学家，听那些我会睡着的物理讲座，还抽空看了 Quantum Physics 的基础书籍。我必须这么做，否则我没办法和他交流因为听不懂。
插入的脚注
物理中的四维是指长度、数量、温度、时间。前三维由牛顿总结

图 5.56　插入脚注图片

若要删除脚注和尾注，可选中脚注或尾注在文档中的位置，即在文档中的序号，然后按 Delete 键，即可删除对应的脚注或尾注。

(5) 设置页眉和页脚。持续要求在文档页眉处全部加上书籍名称。选择“插入”选项卡下的“页眉和页脚”选项组，单击“页眉”按钮，可以选择其中一种样式后，进行页眉编辑；也可以直接在页眉处双击鼠标进行编辑。插入页眉图片后的效果如图 5.57 所示。

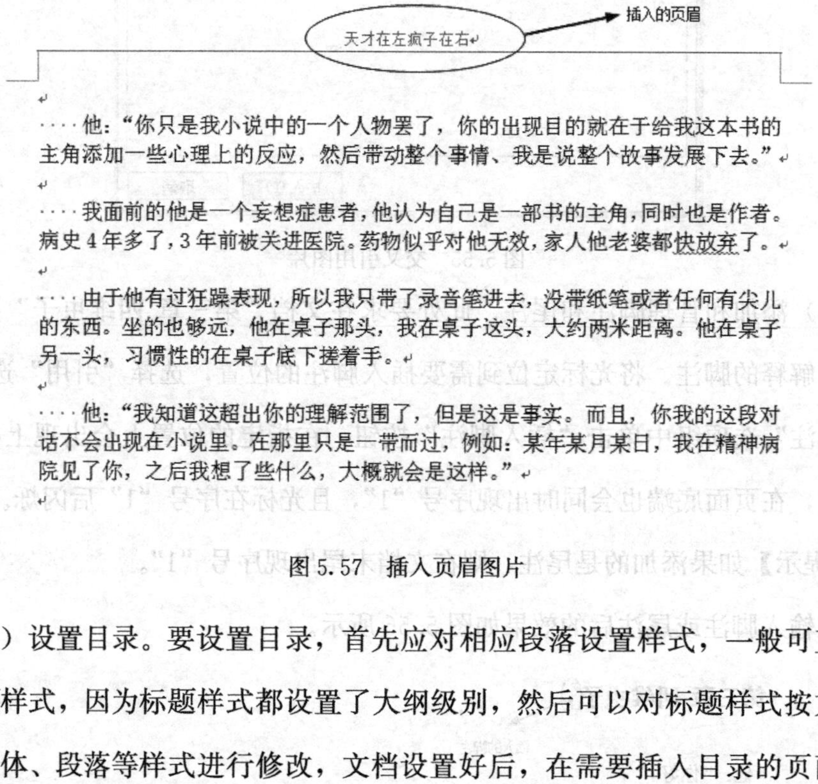

他：“你只是我小说中的一个人物罢了，你的出现目的就在于给我这本书的主角添加一些心理上的反应，然后带动整个事情、我是说整个故事发展下去。”

我面前的他是一个妄想症患者，他认为自己是一部书的主角，同时也是作者。病史 4 年多了，3 年前被关进医院。药物似乎对他无效，家人他老婆都快放弃了。

由于他有过狂躁表现，所以我只带了录音笔进去，没带纸笔或者任何有尖儿的东西。坐的也够远，他在桌子那头，我在桌子这头，大约两米距离。他在桌子另一头，习惯性的在桌子底下搓着手。

他：“我知道这超出你的理解范围了，但是这是事实。而且，你我的这段对话不会出现在小说里。在那里只是一带而过，例如：某年某月某日，我在精神病院见了你，之后我想了些什么，大概就会是这样。”

图 5.57　插入页眉图片

(6) 设置目录。要设置目录，首先应对相应段落设置样式，一般可直接使用标题样式，因为标题样式都设置了大纲级别，然后可以对标题样式按文档要求对字体、段落等样式进行修改，文档设置好后，在需要插入目录的页面中先插入分节符，然后利用首页不同功能将正文设为起始页，页码从 1 开始，把光标定位到需插入目录的地方，选择“引用”选项卡，单击“目录”选项组中的“目录”按钮，选择一种目录样式，例如“自动目录 1”，则自动生成全书的目录，如图 5.58 所示。

目录插入后可对目录中的文本和段落等样式进行设置，若已生成目录，又添加了新正文内容，可以更新目录，已生成目录左上角就有“更新目录”，如图

5. 59 所示。

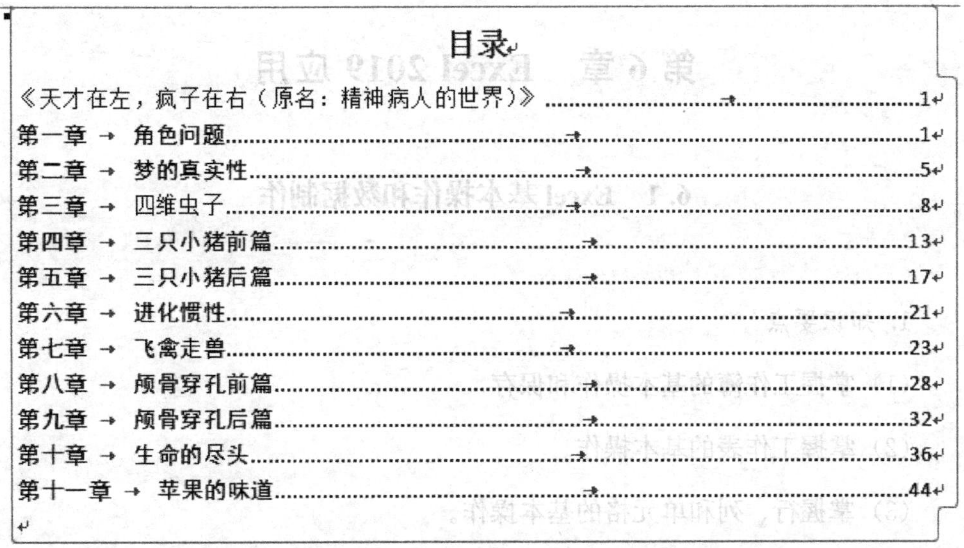

目录

《天才在左，疯子在右（原名：精神病人的世界）》......1
第一章 → 角色问题......1
第二章 → 梦的真实性......5
第三章 → 四维虫子......8
第四章 → 三只小猪前篇......13
第五章 → 三只小猪后篇......17
第六章 → 进化惯性......21
第七章 → 飞禽走兽......23
第八章 → 颅骨穿孔前篇......28
第九章 → 颅骨穿孔后篇......32
第十章 → 生命的尽头......36
第十一章 → 苹果的味道......44

图 5.58　目录图片

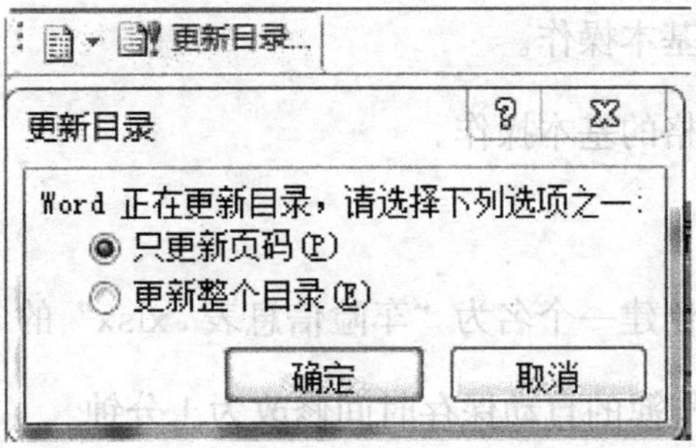

图 5.59　更新目录

第 6 章　Excel 2019 应用

6.1　Excel 基本操作和数据制作

1. 知识要点

（1）掌握工作簿的基本操作和保存。

（2）掌握工作表的基本操作。

（3）掌握行、列和单元格的基本操作。

（4）掌握自动填充的基本操作。

（5）掌握数据验证的基本操作。

（6）掌握批注的基本操作。

（7）掌握冻结窗格的基本操作。

2. 案例要求

（1）在指定位置创建一个名为“车险信息表 . xlsx”的 Excel 工作簿文件。

（2）将 Excel 工作簿的自动保存时间修改为 1 分钟。

（3）将“sheet1”工作表名称修改为“车险信息”。

（4）将“车险信息”工作表 A 列的列宽设置为“18”，B∶N 列的列宽设置为“14”，将工作表所有行的行高设置为“20”。

（5）在“车险信息”工作表中，录入图 6.1 所示案例素材信息，要求：

1）“保单号”列的输入使用序列的自动填充功能完成。

2）“投保类别”列使用 Excel 的“数据验证”功能，将单元格有效性条件设置为“单交强，单商业，交商全保”序列，并提供下拉箭头，使得投保类别的输入通过选择下拉列表中的选项来完成。

	A	B	C	D	E	F	G	H	I	J	K	L	M	N
1	车险信息表													
2	保单号	品牌	续保年	投保类别	使用性质	新车购置价	车龄	险种	客户类别	是否投保车损	是否投保盗抢	签单保费	立案件数	已决赔款
3	PDAA201965321	上汽通用别克	0	交商全保	家庭自用车	100900.00	1	商业险	个人	投保车损	未投保盗抢	2264.6	0	
4	PDAA201965322	一汽大众	0	交商全保	企业非营业用车	191800.00	1	交强险	个人	未投保车损	未投保盗抢	849.06	0	
5	PDAA201965323	四川一汽丰田	0	交商全保	家庭自用车	200800.00	2	交强险	个人	未投保车损	未投保盗抢	716.98	0	
6	PDAA201965324	长安	0	单商业	家庭自用车	56900.00	4	商业险	个人	未投保车损	未投保盗抢	1011.75	1	
7	PDAA201965325	北京现代	0	单交强	家庭自用车	81600.00	14	交强险	个人	未投保车损	未投保盗抢	716.98	0	
8	PDAA201965326	宝马	8	交商全保	家庭自用车	665000.00	11	商业险	个人	未投保车损	未投保盗抢	1190.29	0	
9	PDAA201965327	力帆(乘用车)	0	交商全保	家庭自用车	32500.00	5	商业险	个人	未投保车损	未投保盗抢	833.21	0	
10	PDAA201965328	吉利	0	单交强	家庭自用车	29800.00	7	交强险	个人	未投保车损	未投保盗抢	627.36	0	
11	PDAA201965329	别克	0	交商全保	企业非营业用车	429000.00	6	交强险	机构	未投保车损	未投保盗抢	1066.04	0	
12	PDAA201965330	上海通用雪佛兰	0	单交强	家庭自用车	116900.00	3	交强险	个人	未投保车损	未投保盗抢	950	1	744
13	PDAA201965331	长安福特	0	单商业	家庭自用车	102900.00	8	商业险	个人	未投保车损	未投保盗抢	1190.29	0	
14	PDAA201965332	上汽通用五菱	0	单交强	家庭自用车	29000.00	7	交强险	个人	未投保车损	未投保盗抢	726.42	0	
15	PDAA201965333	一汽奥迪	0	交商全保	家庭自用车	345240.00	5	商业险	个人	未投保车损	未投保盗抢	1487.86	0	
16	PDAA201965334	北京现代	0	单交强	家庭自用车	120800.00	9	交强险	个人	未投保车损	未投保盗抢	627.36	0	

图 6.1 “车险信息”表

(6) 为 B3 单元格“上汽通用别克”添加批注“车险投保客户为赵华”。

(7) 基于 C3 单元格，冻结窗格。

(8) 保存文件，按老师的要求上交作业。

3. 案例实操

(1) 启动 Excel 2019 软件，单击“快速访问工具栏”上的“保存”按钮(或单击功能区“文件”选项卡中的“保存”命令，或使用组合键 Ctrl+S)，然后单击“浏览”按钮，在弹出的“另存为”对话框中，选择保存文件的路径，在“文件名”文本输入框中输入“车险信息表 . xlsx”，“保存类型”保持默认的“Excel 工作簿（*. xlsx)”，单击“保存”按钮。

或在指定位置单击鼠标右键，在弹出的快捷菜单中选择“新建”命令，在其子菜单中单击“Microsoft Excel 工作表”命令，将新创建的 Excel 工作簿的文件名修改为“车险信息表 . xlsx”。

(2) 单击功能区的“文件”选项卡，选择“选项”命令，在弹出的“Excel 选项”对话框中，选择“保存”选项卡，在“保存工作簿”区域，将“保存自动恢复信息时间间隔”设置为 1 分钟。

(3) 在 Excel 窗口功能区单击“开始”选项卡，在“单元格”选项组中单击“格式”下拉按钮，在其扩展菜单中选择“重命名工作表”命令，将“sheet1”工作表名称修改为“车险信息”。

或在工作表标签上单击鼠标右键，在弹出的快捷菜单中选择“重命名”命令，将“sheet1”工作表名称修改为“车险信息”。

或在工作表标签上双击鼠标左键，进入编辑状态后直接将“sheet1”工作表名称修改为“车险信息”。

(4) 鼠标左键单击A列的列标签选中A列，然后单击鼠标右键，在弹出的快捷菜单中选择“列宽”命令，在弹出的“列宽”对话框中设置列宽为“18”，然后单击“确定”按钮。

鼠标左键单击B列的列标签，按住鼠标左键不放向右拖动，选中B：N列，然后单击鼠标右键，在弹出的快捷菜单中选择“列宽”命令，在弹出的“列宽”对话框中设置列宽为“14”，然后单击“确定”按钮。

鼠标左键单击第1行的行标签，按住左键不放向下拖动，选中所有行，然后单击鼠标右键，在弹出的快捷菜单中选择“行高”命令，在弹出的“行高”对话框中设置行高为“20”，然后单击“确定”按钮。

设置行高/列宽时也可以先选定需要设置行高/列宽的整行/整列，然后在Excel功能区单击“开始”选项卡，在“单元格”选项组中单击“格式”下拉按钮，在其扩展菜单中单击“行高”/“列宽”命令，在弹出的“行高”/“列宽”对话框中直接输入所需设定的行高/列宽的具体数值，最后单击“确定”按钮完成操作。

(5) 鼠标选中A3单元格，在A3单元格中输入保单号“PDAA201965321”，然后将鼠标移动至A3单元格边框右下角的“填充柄”小方块，鼠标指针会变成黑色加号，此时按住鼠标左键向下拖动，完成“保单号”的自动填充。

选中D列需要设置数据验证的单元格区域。在Excel功能区单击“数据”选项卡，在“数据工具”选项组中单击“数据验证”下拉按钮，在其扩展菜单中单击“数据验证”命令，在弹出的“数据验证”对话框中的“设置”选项卡中的“验证条件”中进行设置。在“允许”下拉列表框中选择“序列”类型，在

“来源”编辑框中手动输入“单交强，单商业，交商全保”序列，使用半角英文逗号进行间隔，然后单击“确定”按钮，如图 6.2 所示。

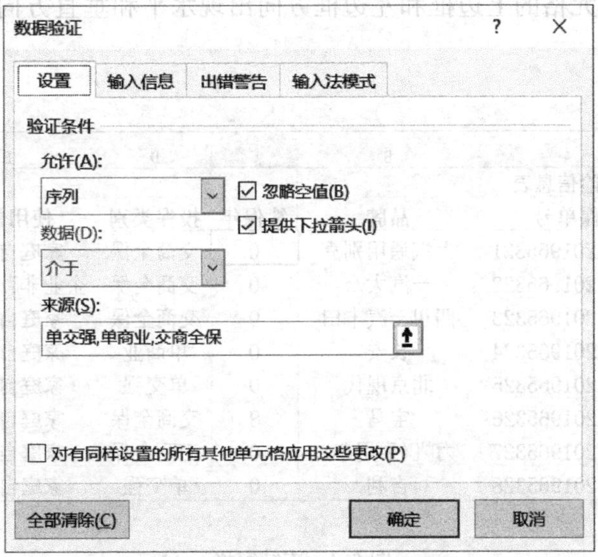

图 6.2　“数据验证”对话框

（6）选定 B3 单元格，在 Excel 功能区单击“审阅”选项卡，在“批注”选项组中单击“新建批注”按钮。或选定 B3 单元格后单击鼠标右键，在弹出的快捷菜单中选择“插入批注”命令。在批注文本框中输入“车险投保客户为赵华”，如图 6.3 所示。

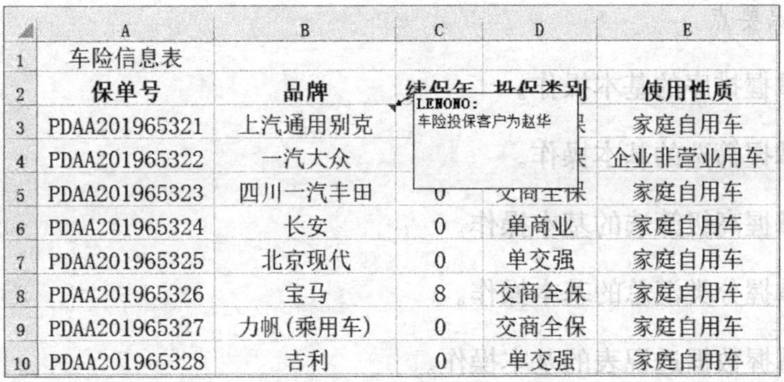

	A	B	C	D	E
1	车险信息表				
2	保单号	品牌	续保年	投保类别	使用性质
3	PDAA201965321	上汽通用别克			家庭自用车
4	PDAA201965322	一汽大众			企业非营业用车
5	PDAA201965323	四川一汽丰田	0		家庭自用车
6	PDAA201965324	长安	0	单商业	家庭自用车
7	PDAA201965325	北京现代	0	单交强	家庭自用车
8	PDAA201965326	宝马	8	交商全保	家庭自用车
9	PDAA201965327	力帆(乘用车)	0	交商全保	家庭自用车
10	PDAA201965328	吉利	0	单交强	家庭自用车

图 6.3　插入批注

(7) 选定C3单元格，在Excel功能区单击“视图”选项卡，在“窗口”选项组中单击“冻结窗格”下拉按钮，在其扩展菜单中单击“冻结窗格”命令。此时沿着当前单元格的上边框和左边框方向出现水平和垂直方向的两条冻结线，如图6.4所示。

	A	B	C	D	E
1	车险信息表				
2	保单号	品牌	续保年	投保类别	使用性质
3	PDAA201965321	上汽通用别克	0	交商全保	家庭自用车
4	PDAA201965322	一汽大众	0	交商全保	企业非营业用车
5	PDAA201965323	四川一汽丰田	0	交商全保	家庭自用车
6	PDAA201965324	长安	0	单商业	家庭自用车
7	PDAA201965325	北京现代	0	单交强	家庭自用车
8	PDAA201965326	宝马	8	交商全保	家庭自用车
9	PDAA201965327	力帆(乘用车)	0	交商全保	家庭自用车
10	PDAA201965328	吉利	0	单交强	家庭自用车

图6.4 冻结窗格

(8) 单击“快速访问工具栏”上的“保存”按钮（或单击功能区“文件”选项卡中的“保存”命令，或使用组合键Ctrl+S）进行保存。

6.2 数据的管理与分析

1. 知识要点

(1) 掌握排序的基本操作。

(2) 掌握筛选的基本操作。

(3) 掌握高级筛选的基本操作。

(4) 掌握分类汇总的基本操作。

(5) 掌握数据透视表的基本操作。

2. 案例要求

打开案例素材，在“车险信息”工作表中按要求完成以下操作：

(1) 复制“车险信息”工作表，重命名为“车险信息（排序)”，以“车龄”为主要关键字，“新车购置价”为第二关键字，“签单保费”为第三关键字，均按降序对“车险信息”工作表进行排序。

(2) 复制“车险信息”工作表，重命名为“车险信息（筛选)”，使用筛选功能，筛选出所有“使用性质”为“家庭自用车”且“险种”为“交强险”的信息。

(3) 复制“车险信息”工作表，重命名为“车险信息（高级筛选)”，使用高级筛选功能，筛选出所有“投保类别”为“交商全保”或“险种”为“商业险”的信息。

(4) 复制“车险信息”工作表，重命名为“车险信息（分类汇总)”，使用分类汇总计算出不同投保类别“签单保费”的总和（分类字段为“投保类别”，汇总方式为“求和”、汇总项为“签单保费”)，汇总结果显示在数据下方。

(5) 对“车险信息”数据清单的内容建立数据透视表，按“投保类别”筛选，列标签为“险种”，行标签为“使用性质”，求和项为“签单保费”并保留两位小数，创建的数据透视表作为一个新的工作表命名为“车险信息（数据透视表)”。

(6) 保存文件，按老师的要求上交作业。

3. 案例实操

(1) 选中数据清单中的任一单元格，在功能区单击“数据”选项卡，在“排序和筛选”选项组中单击“排序”命令按钮，在弹出的“排序”对话框中选择“主要关键字”为“车龄”，排序依据为“单元格值”，次序为“降序”，然后单击“添加条件”按钮，在“排序”对话框中设置“新车购置价”和“签单保费”作为“次要关键字”，排序均为“单元格值”，次序均为“降序”，最后单击“确定”按钮完成排序，效果如图 6.5 所示。

	保单号	品牌	续保年	投保类别	使用性质	新车购置价	车龄	险种	客户类别	是否投保车损	是否投保盗抢	签单保费	立案件数	已决赔款
2	PDAA201965325	北京现代	0	单交强	家庭自用车	81600.00	14	交强险	个人	未投保车损	未投保盗抢	716.98	0	
3	PDAA201965326	宝马	8	交商全保	家庭自用车	665000.00	11	商业险	个人	未投保车损	未投保盗抢	1190.29	0	
4	PDAA201965334	北京现代	0	单交强	家庭自用车	120800.00	9	交强险	个人	未投保车损	未投保盗抢	627.36	0	
5	PDAA201965331	长安福特	0	单商业	家庭自用车	102900.00	8	商业险	个人	未投保车损	未投保盗抢	1190.29	0	
6	PDAA201965328	吉利	0	单交强	家庭自用车	29800.00	7	交强险	个人	未投保车损	未投保盗抢	627.36	0	
7	PDAA201965332	上汽通用五菱	0	单交强	家庭自用车	29000.00	7	交强险	个人	未投保车损	未投保盗抢	726.42	0	
8	PDAA201965329	别克	0	交商全保	企业非营业用车	429000.00	6	交强险	机构	未投保车损	未投保盗抢	1066.04	0	
9	PDAA201965333	一汽奥迪	0	交商全保	家庭自用车	345240.00	5	商业险	个人	未投保车损	未投保盗抢	1487.86	0	
10	PDAA201965327	力帆(乘用车)	0	交商全保	家庭自用车	32500.00	5	商业险	个人	未投保车损	未投保盗抢	833.21	0	
11	PDAA201965324	长安	0	单商业	家庭自用车	56900.00	4	商业险	个人	未投保车损	未投保盗抢	1011.75	1	
12	PDAA201965330	上海通用雪佛兰	0	单交强	家庭自用车	116900.00	3	交强险	个人	未投保车损	未投保盗抢	950	1	744
13	PDAA201965323	四川一汽丰田	0	交商全保	家庭自用车	200800.00	2	交强险	个人	未投保车损	未投保盗抢	716.98	0	
14	PDAA201965322	一汽大众	0	交商全保	企业非营业用车	191800.00	1	交强险	个人	未投保车损	未投保盗抢	849.06	0	
15	PDAA201965321	上汽通用别克	0	交商全保	家庭自用车	100900.00	1	商业险	个人	投保车损	未投保盗抢	2264.6	0	

图 6.5 按多个关键字进行排序

(2) 选中数据清单中的任一单元格，在功能区单击“数据”选项卡，在“排序和筛选”选项组中单击“筛选”命令按钮，数据列表中所有字段的标题单元格将出现向下的筛选箭头。单击“使用性质”字段的标题单元格中的下拉箭头，在弹出的下拉菜单列表框中勾选“家庭自用车”，取消勾选不需要显示的数值项，然后单击“险种”字段的标题单元格中的下拉箭头，在弹出的下拉菜单列表框中选择“交强险”，取消勾选不需要显示的数值项，筛选结果如图 6.6 所示。

	保单号	品牌	续保年	投保类别	使用性质	新车购置价	车龄	险种	客户类别	是否投保车损	是否投保盗抢	签单保费	立案件数	已决赔款
4	PDAA201965323	四川一汽丰田	0	交商全保	家庭自用车	200800.00	2	交强险	个人	未投保车损	未投保盗抢	716.98	0	
6	PDAA201965325	北京现代	0	单交强	家庭自用车	81600.00	14	交强险	个人	未投保车损	未投保盗抢	716.98	0	
9	PDAA201965328	吉利	0	单交强	家庭自用车	29800.00	7	交强险	个人	未投保车损	未投保盗抢	627.36	0	
11	PDAA201965330	上海通用雪佛兰	0	单交强	家庭自用车	116900.00	3	交强险	个人	未投保车损	未投保盗抢	950	1	744
13	PDAA201965332	上汽通用五菱	0	单交强	家庭自用车	29000.00	7	交强险	个人	未投保车损	未投保盗抢	726.42	0	
15	PDAA201965334	北京现代	0	单交强	家庭自用车	120800.00	9	交强险	个人	未投保车损	未投保盗抢	627.36	0	

图 6.6 筛选结果

投保类别	险种
交商全保	
	商业险

图 6.7 高级筛选条件区域

(3) 在数据清单的下方空白区域设置高级筛选“条件区域”，如图 6.7 所示。

在 Excel 功能区单击“数据”选项卡，单击“排序和筛选”选项组中的“高级”按钮，在弹出的“高级筛选”对话框中选定“列表区域”和“条件区域”，单击“确定”按钮即可完成高级筛选，结果如图 6.8 所示。

(4) 按主要关键字“投保类别”的递增或递减对数据清单进行排序。

	A	B	C	D	E	F	G	H	I	J	K	L	M	N
1	保单号	品牌	续保年	投保类别	使用性质	新车购置价	车龄	险种	客户类别	是否投保车损	是否投保盗抢	签单保费	立案件数	已决赔款
2	PDAA201965321	上汽通用别克	0	交商全保	家庭自用车	100900.00	1	商业险	个人	投保车损	未投保盗抢	2264.6	0	
3	PDAA201965322	一汽大众	0	交商全保	企业非营业用车	191800.00	1	交强险	个人	未投保车损	未投保盗抢	849.06	0	
4	PDAA201965323	四川一汽丰田	0	交商全保	家庭自用车	200800.00	2	交强险	个人	未投保车损	未投保盗抢	716.98	0	
5	PDAA201965324	长安	0	单商业	家庭自用车	56900.00	4	商业险	个人	未投保车损	未投保盗抢	1011.75	1	
7	PDAA201965326	宝马	8	交商全保	家庭自用车	665000.00	11	商业险	个人	未投保车损	未投保盗抢	1190.29	0	
8	PDAA201965327	力帆(乘用车)	0	交商全保	家庭自用车	32500.00	5	商业险	个人	未投保车损	未投保盗抢	833.21	0	
10	PDAA201965329	别克	0	交商全保	企业非营业用车	429000.00	6	交强险	机构	未投保车损	未投保盗抢	1066.04	0	
12	PDAA201965331	长安福特	0	单商业	家庭自用车	102900.00	8	商业险	个人	未投保车损	未投保盗抢	1190.29	0	
14	PDAA201965333	一汽奥迪	0	交商全保	家庭自用车	345240.00	5	商业险	个人	未投保车损	未投保盗抢	1487.86	0	

图 6.8　高级筛选

在功能区“数据”选项卡下的“分级显示”选项组中，单击“分类汇总”按钮，在弹出的“分类汇总”对话框中，选择分类字段为“投保类别”，汇总方式为“求和”，选定汇总项中勾选“签单保费”，勾选“汇总结果显示在数据下方”复选框，单击“确定”按钮即可完成分类汇总，效果如图 6.9 所示。

	A	B	C	D	E	F	G	H	I	J	K	L	M	N
1	保单号	品牌	续保年	投保类别	使用性质	新车购置价	车龄	险种	客户类别	是否投保车损	是否投保盗抢	签单保费	立案件数	已决赔款
2	PDAA201965321	上汽通用别克	0	交商全保	家庭自用车	100900.00	1	商业险	个人	投保车损	未投保盗抢	2264.6	0	
3	PDAA201965322	一汽大众	0	交商全保	企业非营业用车	191800.00	1	交强险	个人	未投保车损	未投保盗抢	849.06	0	
4	PDAA201965323	四川一汽丰田	0	交商全保	家庭自用车	200800.00	2	交强险	个人	未投保车损	未投保盗抢	716.98	0	
5	PDAA201965326	宝马	8	交商全保	家庭自用车	665000.00	11	商业险	个人	未投保车损	未投保盗抢	1190.29	0	
6	PDAA201965327	力帆(乘用车)	0	交商全保	家庭自用车	32500.00	5	商业险	个人	未投保车损	未投保盗抢	833.21	0	
7	PDAA201965329	别克	0	交商全保	企业非营业用车	429000.00	6	交强险	机构	未投保车损	未投保盗抢	1066.04	0	
8	PDAA201965333	一汽奥迪	0	交商全保	家庭自用车	345240.00	5	商业险	个人	未投保车损	未投保盗抢	1487.86	0	
9				交商全保 汇总								8408.04		
10	PDAA201965324	长安	0	单商业	家庭自用车	56900.00	4	商业险	个人	未投保车损	未投保盗抢	1011.75	1	
11	PDAA201965331	长安福特	0	单商业	家庭自用车	102900.00	8	商业险	个人	未投保车损	未投保盗抢	1190.29	0	
12				单商业 汇总								2202.04		
13	PDAA201965325	北京现代	0	单交强	家庭自用车	81600.00	14	交强险	个人	未投保车损	未投保盗抢	716.98	0	
14	PDAA201965328	吉利	0	单交强	家庭自用车	29800.00	7	交强险	个人	未投保车损	未投保盗抢	627.36	0	
15	PDAA201965330	上海通用雪佛兰	0	单交强	家庭自用车	116900.00	3	交强险	个人	未投保车损	未投保盗抢	950	1	744
16	PDAA201965332	上汽通用五菱	0	单交强	家庭自用车	29000.00	7	交强险	个人	未投保车损	未投保盗抢	726.42	0	
17	PDAA201965334	北京现代	0	单交强	家庭自用车	120800.00	9	交强险	个人	未投保车损	未投保盗抢	627.36	0	
18				单交强 汇总								3648.12		
19				总计								14258.2		

图 6.9　分类汇总效果

(5) 单击“车险信息”数据清单的任一单元格。

在功能区“插入”选项卡下的“表格”选项组中，单击“数据透视表”按钮，弹出“创建数据透视表”对话框，在“请选择要分析的数据”下单击“选择一个表或区域”单选按钮，在“表/区域”后面的文本框中选择“车险信息”区域 A1：N15，此时系统自动使用绝对引用的单元格地址“车险信息！＄A＄1：＄N＄15”，在“选择放置数据透视表的位置”下单击“新工作表”单选按钮，单击“确定”按钮，系统会自动切换到新创建的“数据透视表”工作表中，并弹出“数据透视表字段”对话框。

在弹出的“数据透视表字段”任务窗格中，将“投保类别”拖至“筛选”区，即按“投保类别”筛选；然后将“险种”拖至“列”区，即按“险种”进行分类汇总；将“使用性质”拖至“行”区，即按“使用性质”进行分类汇总；再将“签单保费”拖至“值”区，即按签单保费计数，如图 6.10 所示。

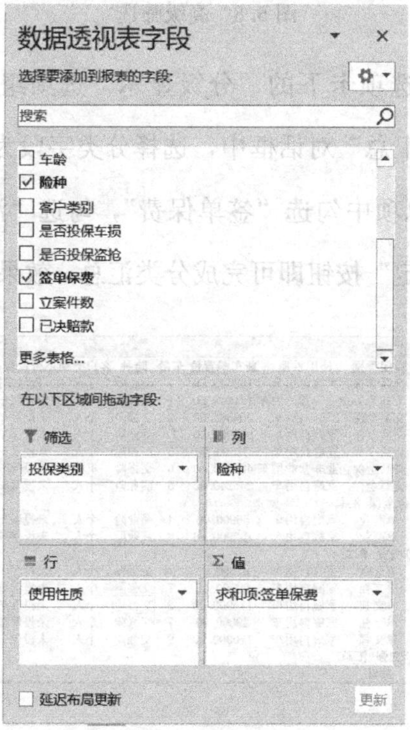

图 6.10　数据透视表字段设置

单击“数据透视表字段”任务窗格“值”区中“求和项：签单保费”右侧的倒三角箭头，在展开的列表中选择“值字段设置”选项，弹出“值字段设置”对话框。单击“数字格式”按钮，在弹出的对话框中将“数字格式”设置为“数值”，保留 2 位小数，如图 6.11 所示。

设置完成的数据透视表，如图 6.12 所示。

（6）单击“快速访问工具栏”上的“保存”按钮（或单击功能区“文件”选项卡中的“保存”命令，或使用组合键 Ctrl＋S）进行保存。

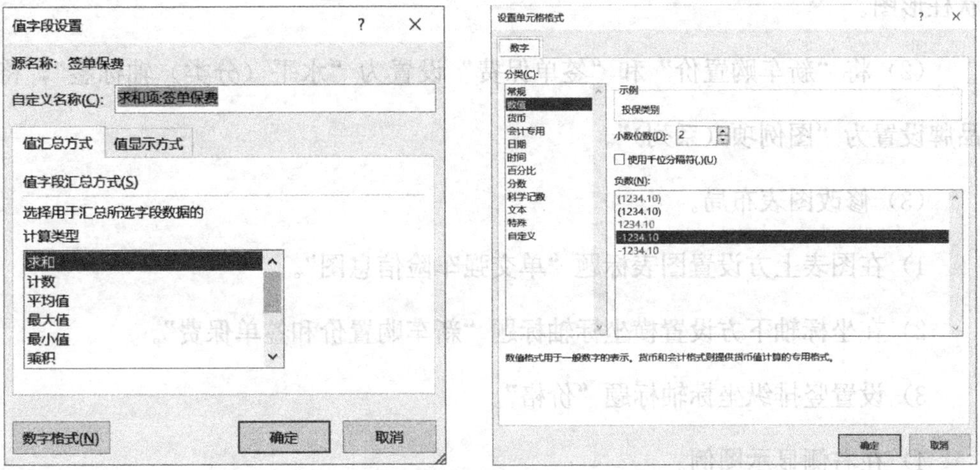

图 6.11　值字段设置

	A	B	C	D
1	投保类别	(全部)		
2				
3	**求和项:签单保费**	**列标签**		
4	**行标签**	**交强险**	**商业险**	**总计**
5	家庭自用车	4365.10	7978.00	12343.10
6	企业非营业用车	1915.10		1915.10
7	**总计**	**6280.20**	**7978.00**	**14258.20**

图 6.12　数据透视表效果图

6.3　图表的使用

1. 知识要点

(1) 掌握图表的创建。

(2) 掌握图表的编辑和修改。

2. 案例要求

打开案例素材，在“车险信息”工作表中按要求完成以下操作：

(1) 为“投保类别”为“单交强”的品牌创建新车购置价、签单保费的簇状柱形图。

（2）将“新车购置价”和“签单保费”设置为“水平（分类）轴标签”，将品牌设置为“图例项（系列）”。

（3）修改图表布局。

1）在图表上方设置图表标题“单交强车险信息图”。

2）在坐标轴下方设置横坐标轴标题“新车购置价和签单保费”。

3）设置竖排纵坐标轴标题“价格”。

4）在右侧显示图例。

5）显示数据标签，并放置在数据点结束之外。

6）在图表下方显示数据表，并显示图例项标示。

7）不显示横网格线和纵网格线。

（4）删除图表中最后一个“北京现代”品牌。

（5）将图表类型修改为“三维簇状柱形图”。

（6）将图表移动至一张新的工作表中，并命名为“单交强车险信息图”。

（7）保存文件，按老师的要求上交作业。

3. 案例实操

（1）选中 B1、F1、L1、B6、F6、L6、B9、F9、L9、B11、F11、L11、B13、F13、L13、B15、F15、L15，如图 6.13 所示。

	A	B	C	D	E	F	G	H	I	J	K	L	M	N
1	保单号	品牌	续保年	投保类别	使用性质	新车购置价	车龄	险种	客户类别	是否投保车损	是否投保盗抢	签单保费	立案件数	已决赔款
2	PDAA201965321	上汽通用别克	0	交商全保	家庭自用车	100900.00	1	商业险	个人	投保车损	未投保盗抢	2264.6	0	
3	PDAA201965322	一汽大众	0	交商全保	企业非营业用车	191800.00	1	交强险	个人	未投保车损	未投保盗抢	849.06	0	
4	PDAA201965323	四川一汽丰田	0	交商全保	家庭自用车	200800.00	2	交强险	个人	未投保车损	未投保盗抢	716.98	0	
5	PDAA201965324	长安	0	单商业	家庭自用车	56900.00	4	商业险	个人	未投保车损	未投保盗抢	1011.75	1	
6	PDAA201965325	北京现代	0	单交强	家庭自用车	81600.00	14	交强险	个人	未投保车损	未投保盗抢	716.98	0	
7	PDAA201965326	宝马	8	交商全保	家庭自用车	665000.00	11	商业险	个人	未投保车损	未投保盗抢	1190.29	0	
8	PDAA201965327	力帆(乘用车)	0	交商全保	家庭自用车	32500.00	5	商业险	个人	未投保车损	未投保盗抢	833.21	0	
9	PDAA201965328	吉利	0	单交强	家庭自用车	29800.00	7	交强险	个人	未投保车损	未投保盗抢	627.36	0	
10	PDAA201965329	别克	0	交商全保	企业非营业用车	429000.00	6	交强险	机构	未投保车损	未投保盗抢	1066.04	0	
11	PDAA201965330	上海通用雪佛兰	0	单交强	家庭自用车	116900.00	3	交强险	个人	未投保车损	未投保盗抢	950	1	744
12	PDAA201965331	长安福特	0	单商业	家庭自用车	102900.00	8	商业险	个人	未投保车损	未投保盗抢	1190.29	0	
13	PDAA201965332	上汽通用五菱	0	单交强	家庭自用车	29000.00	7	交强险	个人	未投保车损	未投保盗抢	726.42	0	
14	PDAA201965333	一汽奥迪	0	交商全保	家庭自用车	345240.00	5	商业险	个人	未投保车损	未投保盗抢	1487.86	0	
15	PDAA201965334	北京现代	0	单交强	家庭自用车	120800.00	9	交强险	个人	未投保车损	未投保盗抢	627.36	0	

图 6.13 选中“投保类别”为“单交强”的品牌、新车购置价和签单保费

在 Excel 功能区单击“插入”选项卡，在“图表”选项组中单击“柱形图”下拉按钮，在其展开的下拉列表中单击“二维簇状柱形图”命令，如图 6.14 所示。

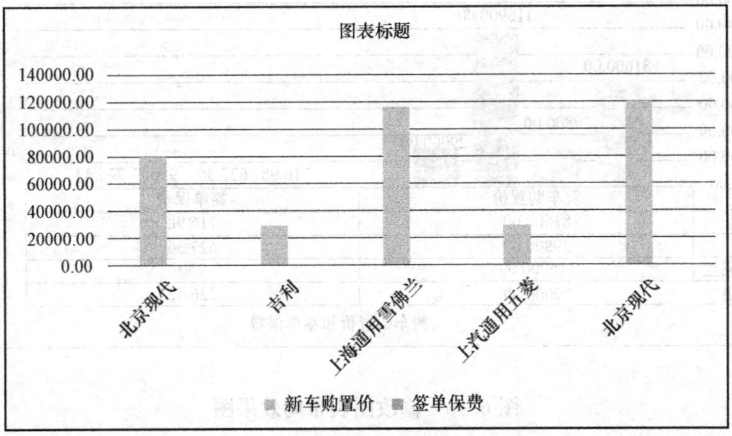

图 6.14　“投保类别”为“单交强”品牌的新车购置价、签单保费柱形图

(2) 选中图表，在功能区的“图表工具”上下文选项卡中，单击“设计”子选项卡，在“数据”选项组中单击“切换行/列”按钮，切换后效果如图 6.15 所示。

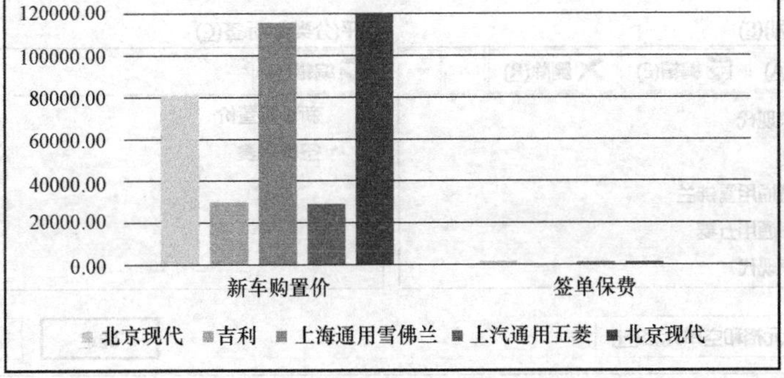

图 6.15　切换行列效果图

(3) 选中图表，在功能区的“图表工具”上下文选项卡中，单击“设计”

子选项卡，在“图表布局”选项组中单击“添加图表元素”下拉按钮修改图表布局，修改完成的效果如图 6.16 所示。

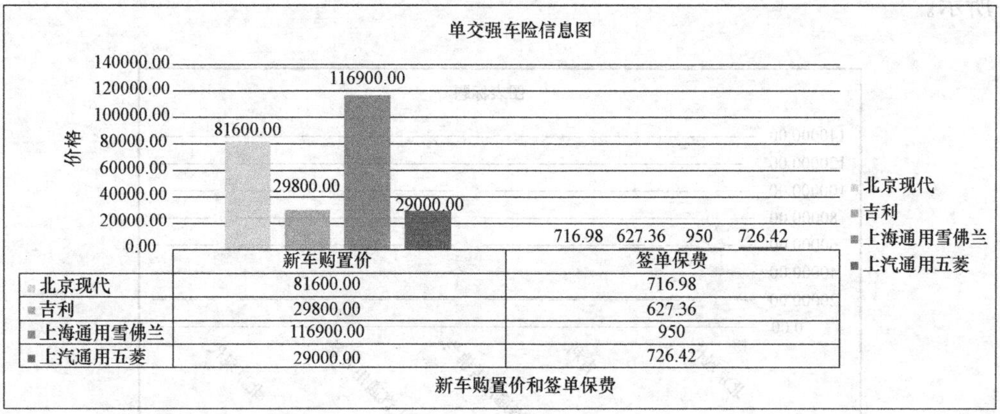

图 6.16 修改图表布局效果图

(4) 选中图表，在功能区的“图表工具”上下文选项卡中，单击“设计”子选项卡，在“数据”选项组中单击“选择数据”按钮，弹出“选择数据源”对话框，如图 6.17 所示。

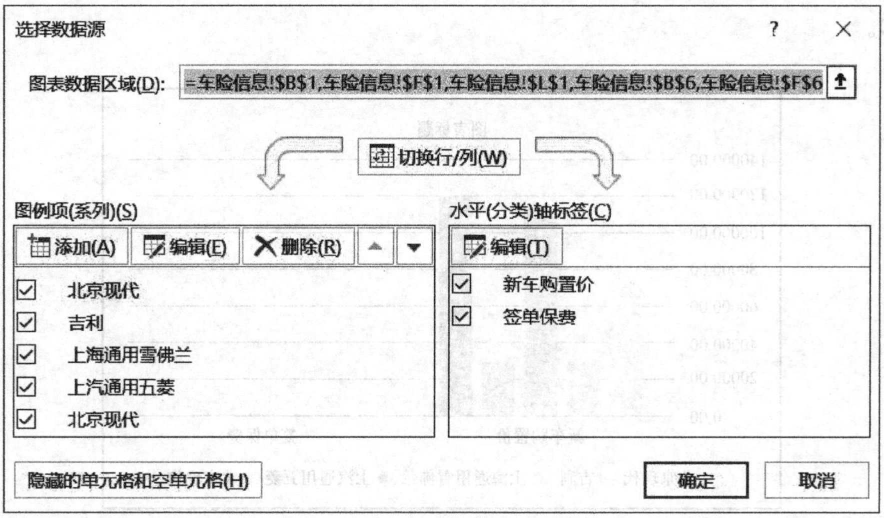

图 6.17 “选择数据源”对话框

在“选择数据源”对话框左侧的“图例项（系列）”列表框中选中最后一个

“北京现代”，单击上方的“删除”按钮，再单击“确定”按钮。删除最后一个“北京现代”品牌后的效果图，如图 6.18 所示。

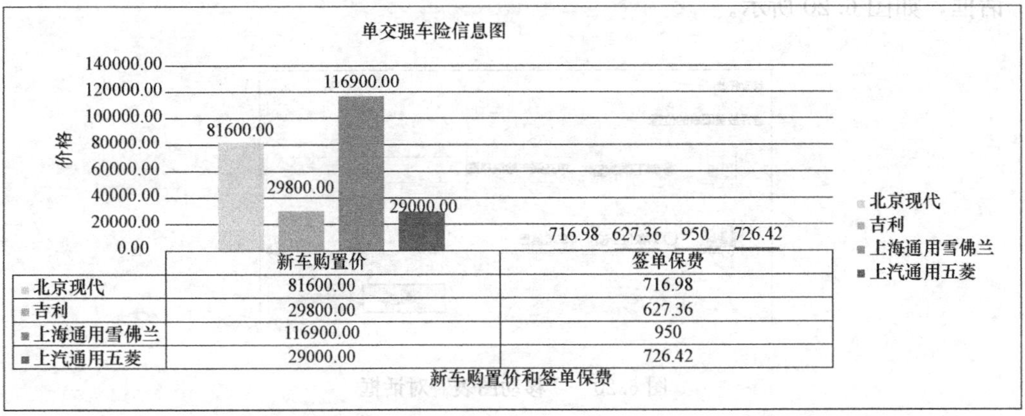

	新车购置价	签单保费
北京现代	81600.00	716.98
吉利	29800.00	627.36
上海通用雪佛兰	116900.00	950
上汽通用五菱	29000.00	726.42

图 6.18　删除最后一个“北京现代”品牌后的效果图

(5) 选中图表，在功能区的“图表工具”上下文选项卡中，单击“设计”子选项卡，在“类型”选项组中单击“更改图表类型”按钮，在弹出的“更改图表类型”对话框中选择“三维簇状柱形图”图形按钮，再单击“确定”按钮，修改后的效果图如图 6.19 所示。

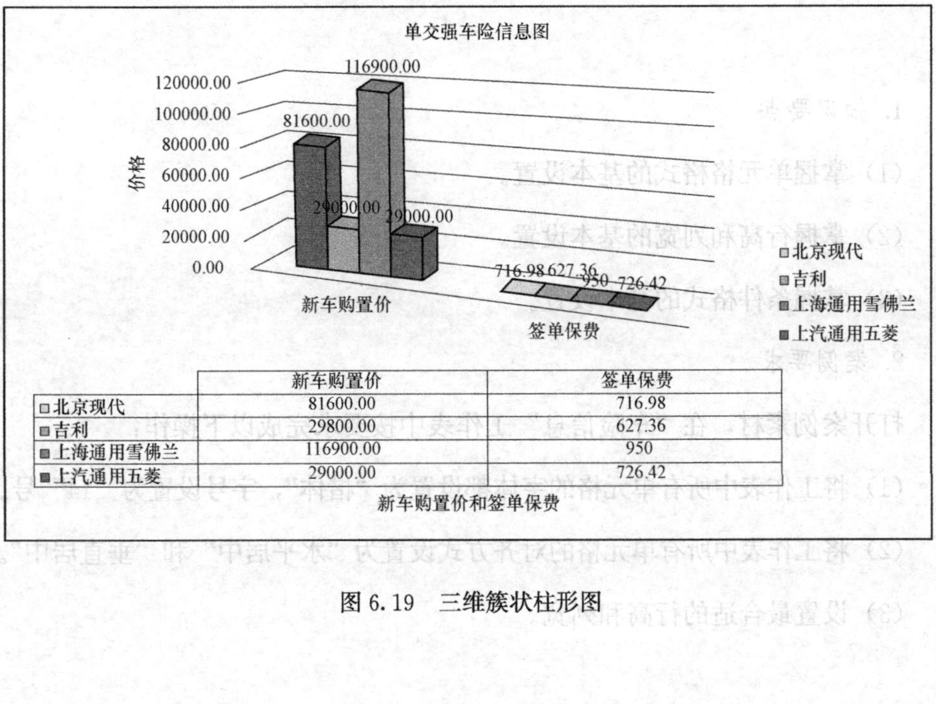

	新车购置价	签单保费
北京现代	81600.00	716.98
吉利	29800.00	627.36
上海通用雪佛兰	116900.00	950
上汽通用五菱	29000.00	726.42

图 6.19　三维簇状柱形图

（6）选中图表，在功能区的“图表工具”上下文选项卡中，单击“设计”子选项卡，在“位置”选项组中单击“移动图表”按钮，弹出“移动图表”对话框，如图 6.20 所示。

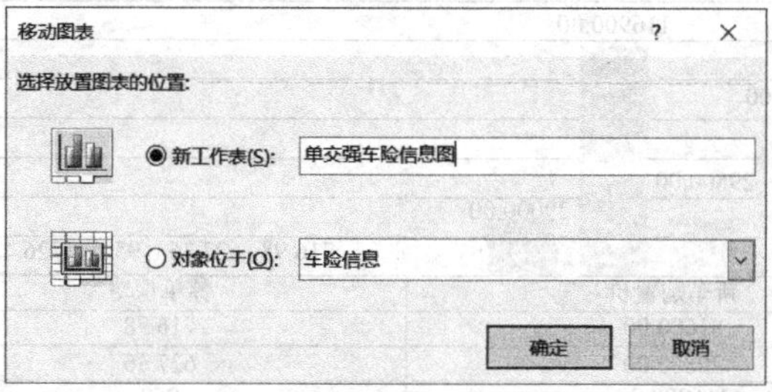

图 6.20 “移动图表”对话框

在“移动图表”对话框中选择“新工作表”单选按钮，在右侧的文本框中输入工作表名称“单交强车险信息图”，单击“确定”按钮。

（7）单击“快速访问工具栏”上的“保存”按钮（或单击功能区“文件”选项卡中的“保存”命令，或使用组合键 Ctrl+S）进行保存。

6.4 表格美化

1. 知识要点

（1）掌握单元格格式的基本设置。

（2）掌握行高和列宽的基本设置。

（3）掌握条件格式的基本设置。

2. 案例要求

打开案例素材，在“车险信息”工作表中按要求完成以下操作：

（1）将工作表中所有单元格的字体都设置为“楷体”，字号设置为“14”号。

（2）将工作表中所有单元格的对齐方式设置为“水平居中”和“垂直居中”。

（3）设置最合适的行高和列宽。

(4) 将 A1∶N1 单元格区域合并单元格。

(5) 将合并后的 A1 单元格字体设置为“黑体”、加粗，字号设置为“22”号，字体颜色为红色。

(6) 设置 A1 单元格的填充颜色为黄色。

(7) 设置表格边框为“所有框线”，并设置表格外框线为“粗外侧框线”。

(8) 设置条件格式，将签单保费低于 1000 元的单元格设置为“浅红色填充”。

(9) 保存文件，按老师的要求上交作业。

3. 案例实操

(1) 选中 A1∶N16 单元格区域，在 Excel 功能区选择“开始”选项卡，在“字体”选项组中单击“字体”下拉按钮，在弹出的扩展菜单中选择“楷体”，单击“字号”下拉按钮，在弹出的扩展菜单中选择“14”号。

或鼠标左键单击“开始”选项卡中“字体”选项组右下角的“对话框启动”按钮，打开“设置单元格格式”对话框，在“字体”标签下的选项卡，可以设置单元格内容的字体、字号。

(2) 选中 A1∶N16 单元格区域，在 Excel 功能区单击“开始”选项卡，在“对齐方式”选项组“垂直对齐”中选择“居中”，在“水平对齐”中选择“居中”。

或鼠标左键单击“开始”选项卡中“对齐方式”选项组右下角的“对话框启动”按钮，打开“设置单元格格式”对话框，在“对齐”标签下的选项卡，可以设置单元格中内容的水平对齐、垂直对齐。

(3) 选中 A∶N 列，将鼠标放置在任意两列标签之间的中线上，当鼠标指针显示为一个黑色双向箭头图形时，双击鼠标左键完成“自动调整列宽”设置。选中 1∶16 行，将鼠标放置在任意两行标签之间的中线上，当鼠标指针显示为一个黑色双向箭头图形时，双击鼠标左键完成“自动调整行高”设置，如图

6.21 所示。

	A	B	C	D	E	F	G	H	I	J	K	L	M	N
1	车险信息表													
2	保单号	品牌	续保年	投保类别	使用性质	新车购置价	车龄	险种	客户类别	是否投保车损	是否投保盗抢	签单保费	立案件数	已决赔款
3	PDAA201965321	上汽通用别克	0	交商全保	家庭自用车	100900.00	1	商业险	个人	投保车损	未投保盗抢	2264.6	0	
4	PDAA201965322	一汽大众	0	交商全保	企业非营业用车	191800.00	1	交强险	个人	未投保车损	未投保盗抢	849.06	0	
5	PDAA201965323	四川一汽丰田	0	交商全保	家庭自用车	200800.00	2	交强险	个人	未投保车损	未投保盗抢	716.98	0	
6	PDAA201965324	长安	0	单商业	家庭自用车	56900.00	4	商业险	个人	未投保车损	未投保盗抢	1011.75	1	
7	PDAA201965325	北京现代	0	单交强	家庭自用车	81600.00	14	交强险	个人	未投保车损	未投保盗抢	716.98	0	
8	PDAA201965326	宝马	8	交商全保	家庭自用车	665000.00	11	商业险	个人	未投保车损	未投保盗抢	1190.29	0	
9	PDAA201965327	力帆(乘用车)	0	交商全保	家庭自用车	32500.00	5	商业险	个人	未投保车损	未投保盗抢	833.21	0	
10	PDAA201965328	吉利	0	单交强	家庭自用车	29800.00	7	交强险	个人	未投保车损	未投保盗抢	627.36	0	
11	PDAA201965329	别克	0	交商全保	企业非营业用车	429000.00	6	交强险	机构	未投保车损	未投保盗抢	1066.04	0	
12	PDAA201965330	上海通用雪佛兰	0	单交强	家庭自用车	116900.00	3	交强险	个人	未投保车损	未投保盗抢	950	1	744
13	PDAA201965331	长安福特	0	单商业	家庭自用车	102900.00	8	商业险	个人	未投保车损	未投保盗抢	1190.29	0	
14	PDAA201965332	上汽通用五菱	0	单交强	家庭自用车	29000.00	7	交强险	个人	未投保车损	未投保盗抢	726.42	0	
15	PDAA201965333	一汽奥迪	0	交商全保	家庭自用车	345240.00	5	商业险	个人	未投保车损	未投保盗抢	1487.86	0	
16	PDAA201965334	北京现代	0	单交强	家庭自用车	120800.00	9	交强险	个人	未投保车损	未投保盗抢	627.36	0	

图 6.21　设置最合适的行高和列宽

(4) 选中 A1：N1 单元格区域，在 Excel 功能区选择“开始”选项卡，在“对齐方式”选项组中单击“合并后居中”命令按钮。

(5) 选中合并后的 A1 单元格，在 Excel 功能区选择“开始”选项卡，在“字体”选项组中单击“字体”下拉按钮，在弹出的扩展菜单中选择“黑体”，单击“字号”下拉按钮，在弹出的扩展菜单中选择“22”号，单击“加粗”按钮，单击“字体颜色”下拉按钮，在弹出的扩展菜单中选择“标准色”中的红色。

或鼠标左键单击“开始”选项卡中“字体”选项组右下角的“对话框启动”按钮，打开“设置单元格格式”对话框，在“字体”标签下的选项卡，可以设置单元格内容的字体、字形、颜色。

(6) 选中合并后的 A1 单元格，在 Excel 功能区选择“开始”选项卡，在“字体”选项组中单击“填充颜色”下拉按钮，在弹出的扩展菜单中选择“标准色”中的黄色。

或鼠标左键单击“开始”选项卡中“字体”选项组右下角的“对话框启动”按钮，打开“设置单元格格式”对话框，在“填充”标签下的选项卡，可以对单元格的底色进行填充修饰。

(7) 选中 A1：N16 单元格区域，在 Excel 功能区选择“开始”选项卡，在“字体”选项组中单击“边框”下拉按钮，在弹出的扩展菜单中选择“所有框线”命令，重复以上操作，在弹出的扩展菜单中选择“粗外侧框线”命令，如图 6.22 所示。

		车险信息表											
保单号	品牌	续保年	投保类别	使用性质	新车购置价	车龄	险种	客户类别	是否投保车损	是否投保盗抢	签单保费	立案件数	已决赔款
PDAA201965321	上汽通用别克	0	交商全保	家庭自用车	100900.00	1	商业险	个人	投保车损	未投保盗抢	2264.6	0	
PDAA201965322	一汽大众	0	交商全保	企业非营业用车	191800.00	1	交强险	个人	未投保车损	未投保盗抢	849.06	0	
PDAA201965323	四川一汽丰田	0	交商全保	家庭自用车	200800.00	2	交强险	个人	未投保车损	未投保盗抢	716.98	0	
PDAA201965324	长安	0	单商业	家庭自用车	56900.00	4	商业险	个人	未投保车损	未投保盗抢	1011.75	1	
PDAA201965325	北京现代	0	单交强	家庭自用车	81600.00	14	交强险	个人	未投保车损	未投保盗抢	716.98	0	
PDAA201965326	宝马	8	交商全保	家庭自用车	665000.00	11	商业险	个人	未投保车损	未投保盗抢	1190.29	0	
PDAA201965327	力帆(乘用车)	0	交商全保	家庭自用车	32500.00	5	商业险	个人	未投保车损	未投保盗抢	833.21	0	
PDAA201965328	吉利	0	单交强	家庭自用车	29800.00	7	交强险	个人	未投保车损	未投保盗抢	627.36	0	
PDAA201965329	别克	0	交商全保	企业非营业用车	429000.00	6	交强险	机构	未投保车损	未投保盗抢	1066.04	0	
PDAA201965330	上海通用雪佛兰	0	单交强	家庭自用车	116900.00	3	交强险	个人	未投保车损	未投保盗抢	950	1	744
PDAA201965331	长安福特	0	单商业	家庭自用车	102900.00	8	商业险	个人	未投保车损	未投保盗抢	1190.29	0	
PDAA201965332	上汽通用五菱	0	单交强	家庭自用车	29000.00	7	交强险	个人	未投保车损	未投保盗抢	726.42	0	
PDAA201965333	一汽奥迪	0	交商全保	家庭自用车	345240.00	5	商业险	个人	未投保车损	未投保盗抢	1487.86	0	
PDAA201965334	北京现代	0	单交强	家庭自用车	120800.00	9	交强险	个人	未投保车损	未投保盗抢	627.36	0	

图 6.22　设置表格边框

或鼠标左键单击“开始”选项卡中“字体”选项组右下角的“对话框启动”按钮，打开“设置单元格格式”对话框，在“边框”标签下的选项卡，可以设置边框效果。

(8) 选中 L3∶L16 单元格区域，在 Excel 功能区单击“开始”选项卡，在“样式”选项组中单击“条件格式”下拉按钮，在其扩展菜单中选择“突出显示单元格规则”命令，在其子菜单中单击“小于”命令，弹出“小于”对话框。在“小于”对话框中左侧的文本框中输入“1000”，“设置为”下拉菜单选择“浅红色填充”，单击“确定”按钮即可完成条件格式的设置，如图 6.23 所示。

		车险信息表											
保单号	品牌	续保年	投保类别	使用性质	新车购置价	车龄	险种	客户类别	是否投保车损	是否投保盗抢	签单保费	立案件数	已决赔款
PDAA201965321	上汽通用别克	0	交商全保	家庭自用车	100900.00	1	商业险	个人	投保车损	未投保盗抢	2264.6	0	
PDAA201965322	一汽大众	0	交商全保	企业非营业用车	191800.00	1	交强险	个人	未投保车损	未投保盗抢	849.06	0	
PDAA201965323	四川一汽丰田	0	交商全保	家庭自用车	200800.00	2	交强险	个人	未投保车损	未投保盗抢	716.98	0	
PDAA201965324	长安	0	单商业	家庭自用车	56900.00	4	商业险	个人	未投保车损	未投保盗抢	1011.75	1	
PDAA201965325	北京现代	0	单交强	家庭自用车	81600.00	14	交强险	个人	未投保车损	未投保盗抢	716.98	0	
PDAA201965326	宝马	8	交商全保	家庭自用车	665000.00	11	商业险	个人	未投保车损	未投保盗抢	1190.29	0	
PDAA201965327	力帆(乘用车)	0	交商全保	家庭自用车	32500.00	5	商业险	个人	未投保车损	未投保盗抢	833.21	0	
PDAA201965328	吉利	0	单交强	家庭自用车	29800.00	7	交强险	个人	未投保车损	未投保盗抢	627.36	0	
PDAA201965329	别克	0	交商全保	企业非营业用车	429000.00	6	交强险	机构	未投保车损	未投保盗抢	1066.04	0	
PDAA201965330	上海通用雪佛兰	0	单交强	家庭自用车	116900.00	3	交强险	个人	未投保车损	未投保盗抢	950	1	744
PDAA201965331	长安福特	0	单商业	家庭自用车	102900.00	8	商业险	个人	未投保车损	未投保盗抢	1190.29	0	
PDAA201965332	上汽通用五菱	0	单交强	家庭自用车	29000.00	7	交强险	个人	未投保车损	未投保盗抢	726.42	0	
PDAA201965333	一汽奥迪	0	交商全保	家庭自用车	345240.00	5	商业险	个人	未投保车损	未投保盗抢	1487.86	0	
PDAA201965334	北京现代	0	单交强	家庭自用车	120800.00	9	交强险	个人	未投保车损	未投保盗抢	627.36	0	

图 6.23　设置条件格式

（9）单击“快速访问工具栏”上的“保存”按钮（或单击功能区“文件”选项卡中的“保存”命令，或使用组合键 Ctrl+S）进行保存。

6.5 函数与公式

1. 知识要点

Excel 中公式是以“＝”开始，使用运算符将数据和函数按一定顺序连接起来，进行计算的。在 Excel 中存在大量预设的函数，每个函数在使用不同的参数后都可以得到各种结果，函数可以看作是 Excel 预置的公式，输入函数和参数后，Excel 将自动进行一系列的运算，并得出最终的结果。

本案例中将以 SUM()、COUNTIF()、SUMIFS()、VLOOKUP() 等函数为例进行操作。

2. 案例要求

（1）计算今年签单保费总收入和赔款总额，并计算差值。

（2）新车购置价在 150 000 以上的保单数量。

（3）险种列统计商业险和交强险各有多少份。

（4）计算投保类别为交商全保，使用性质为家庭自用车的投保总额。

（5）导入保单号为 ************** 的签单保费。

3. 案例实操

步骤 1：使用 SUM() 函数求和。

打开“保险表格.xlsx”文档，在“P2”单元格中输入公式“＝SUM（L2：L48)”，计算出签单保费总收入，在“Q2”单元格中输入公式“＝SUM（N：N)”，计算出赔款总额，这里用了两种方式代表求和区间，“L2：L48”表示从“L2”单元格到“L48”单元格，“N：N”表示第 N 列。在“R2”单元格中输入公式“＝P2－Q2”，计算出两个之间的差值。

步骤 2：使用 COUNTIF() 函数条件计数。

在“P5”单元格中输入公式“＝COUNTIF（F2：F48,"＞150 000")”，计算新车购置价在 150 000 以上的保单数量。请思考：这里是否能使用“F：F”表示范围？

在“Q5”单元格中输入公式“＝COUNTIF（H2：H48,"交强险")”，计算险种列交强险有多少份。请使用同样的公式计算商业险的份数。

步骤 3：使用 SUMIFS() 函数进行多条件求和。

在教材中使用的是 SUMPRODUCT( ) 函数，进行多条件求和。

SUMIFS() 函数用于对某一区域内满足多重条件（两个条件以上）的单元格求和，SUMIF() 函数用于单条件求和。

在“P8”单元格中输入公式“＝SUMIFS（L2：L48，D2：D48,"交商全保", E2：E48,"家庭自用车")”，计算投保类别为交商全保、使用性质为家庭自用车的投保总额。“L2：L48”为求和范围，“D2：D48”为第一个条件范围，“"交强险"”为第一个条件，“E2：E48”为第二个条件范围，“"家庭自用车"”为第二个条件。

步骤 4：使用 VLOOKUP() 函数进行批量导入数据。

VLOOKUP() 函数在教材中已简单地介绍，该函数是一个查找和引用函数，通过已知条件在指定范围内返回该条件相关的另外信息，但这个函数还有另外一个重要功能就是进行数据导入。

如案例中 sheet 1 表中保单号列为顺序排列，而 sheet 2 表中保单号列为乱序，现要从 sheet 1 表中将保单号对应的签单保费导入 sheet 2 表中，若不使用函数进行操作，那么就只能逐条地进行复制粘贴，工作量巨大。

这里使用 VLOOKUP() 函数进行导入，在 sheet 2 表 B2 单元格中输入公式：

“＝VLOOKUP（Sheet2！A2，Sheet1！＄A＄1：＄N＄48，12，0)”，其中

“Sheet2！A2”为要查找的保单号，“Sheet1！＄A＄1：＄N＄48”为查找的区域，这里请仔细思考，为什么使用绝对引用？“12”为返回第 12 列对应的值，“0”表示精确查找，输入公式后即可返回对应的值，然后对 B 列进行自动填充即可。

第 7 章　PowerPoint 2019 应用

7.1　案例 1 制作演示文稿封面

1. 知识要点

(1) 在限定条件和环境下快速完成演示文稿封面的制作。

(2) 图形的多种变形构建出不同的辅助图案。

(3) 画面板式构建的训练。

(4) 渐变色的应用。

(5)“合并形状”的使用。

(6) 三维文字效果的制作。

2. 案例要求

使用 PowerPoint 制作演示文稿封面，不能使用任何第三方素材、不能使用任何第三方 PowerPoint 模板、不能使用 PowerPoint 主题，只能使用图形“矩形”作为画面的辅助图案，数量、大小不限，使用文字“计算机基础”作为主题内容，字体、文字大小不限。

3. 案例实操

这是一道开放性的案例题，可有很多种案例制作风格，以下共 8 个子案例，其中 3 个操作较为复杂，将详细介绍。

(1) 子案例 1。该案例字体为“微软雅黑”并加粗，文字摆放在画面靠右，“插入”选项卡的“插图”选项组中选择“形状”命令，选择“矩形”，将矩形拉拽为长条形，高度与文字等高，最终效果如图 7.1 所示。

(2) 子案例 2。该案例字体为“微软雅黑”并加粗、白色，文字摆放在画面

图 7.1　子案例 1

靠右，“插入”选项卡的“插图”选项组中选择“形状”命令，选择“矩形”，将矩形拉拽为长条形覆盖文字并右键“置于底层”命令，高度略高于文字，在左侧再画一个较短的等高矩形，颜色略浅，最终效果如图 7.2 所示。

图 7.2　子案例 2

（3）子案例 3。该案例字体为“微软雅黑”并加粗，文字摆放在画面靠右，“插入”选项卡的“插图”选项组中选择“形状”命令，选择“矩形”，然后按住 Shift 键并单击鼠标左键不放拉动，画为正方形，共两个。两个正方形错位重叠后，去填充色，仅保留形状轮廓，将该图形摆放在文字左侧，大小略大于文字高度即可，最终效果如图 7.3 所示。

图 7.3　子案例 3

（4）子案例 4。该案例为“子案例 3”的变化版本，只需将两个正方形去掉形状轮廓，单击矩形后鼠标右键选择“设置形状格式”命令，在“形状选项”中设置为纯色填充，透明度设置为 50%，最终效果如图 7.4 所示。

图 7.4　子案例 4

（5）子案例5。该案例字体为“微软雅黑”并加粗，文字摆放在画面居中，单击该文本框，在“形状格式”选项卡的“艺术字样式”选项组中选择“文本填充”命令，选择“渐变”命令中的“其他渐变”命令，可对“渐变光圈”“角度”“类型”等参数进行设置。在“插入”选项卡的“插图”选项组中选择“形状”命令，选择“矩形”，在文字下方画一个狭长的矩形，单击矩形后鼠标右键选择“设置形状格式”命令，在“形状选项”的“填充”中选择“渐变填充”，“类型”选择为线型，“角度”为0°，渐变光圈为，其中最左和最右的颜色设置为白色，透明度设置为100%，最终效果如图7.5所示。

图7.5　子案例5

（6）子案例6。该案例难度在于“机”字有一半的颜色是白色，有一半的颜色是深蓝色，最终效果如图7.6所示。

操作步骤如下：

1）绘制一个矩形，长度为幻灯片的一半，放在幻灯片左侧，将其“形状填充”和“形状轮廓”色调整为一样的深蓝色。复制一个该矩形并放在右侧，将其“形状填充”设置为“无填充”。

2）插入一个“文本框”，输入文字“计算机基础”，字体设置为“微软雅

图 7.6　子案例 6

黑”并加粗，将其摆放在两个矩形之间，字体大小根据实际情况调整。

3）将该文本框移动到页面空白处，绘制一个矩形略高于文本框，长度长于“计算机”三个字，将其“形状轮廓”设置为“无轮廓”后，将其覆盖“计算机”三个字，其中“机”字覆盖一半。

4）同时选中该小矩形和文字后，单击“形状格式”选项卡，选择“插入形状”中“结合形状”中的“拆分”。

5）将拆分后多余的元素删除，然后将“机”的右侧一半和“基础”二字“形状填充”改为深蓝色。

6）将上述对象框选后移回矩形之间，将“计算”和“机”的左侧一半“形状填充”改为白色。在矩形下方再绘制一个长的矩形条，调整色彩后，该案例完成。

本案例的具体操作如图 7.7 所示。

（7）子案例 7。该案例的难点在于如何制作边框。这里有两种方法：第一种方法较为复杂，类似于子案例 6 中使用到的“结合形状”工具，但可以做出完美的边框，可以适用于各种背景；另外一种方法较为简单，只需要使用纯色矩形

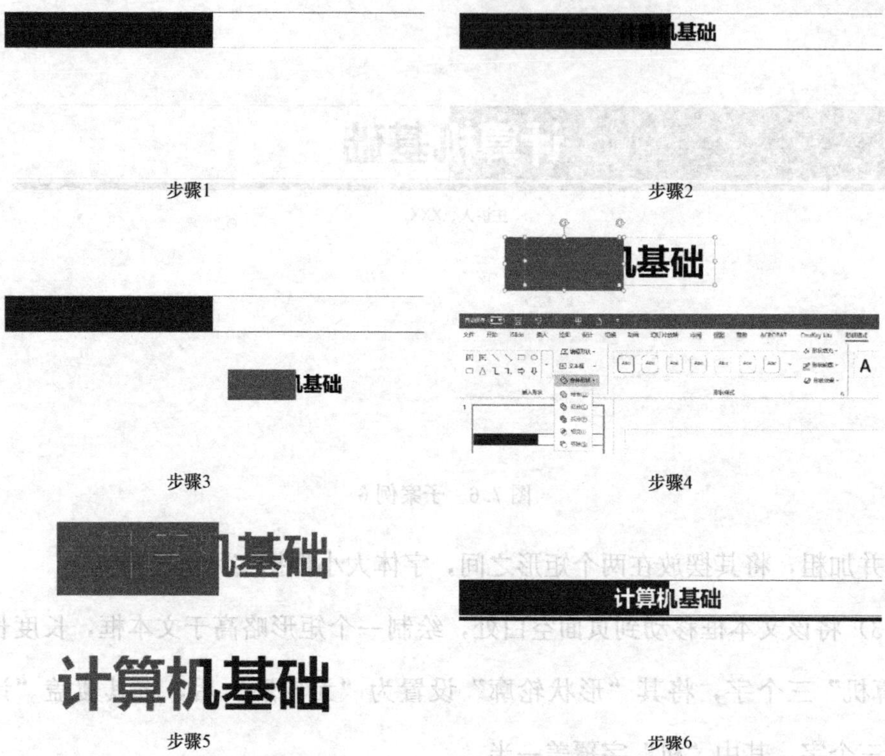

图 7.7　子案例 6 操作步骤

遮住部分元素即可，但缺点是只能用于纯色背景，最终效果如图 7.8 所示。

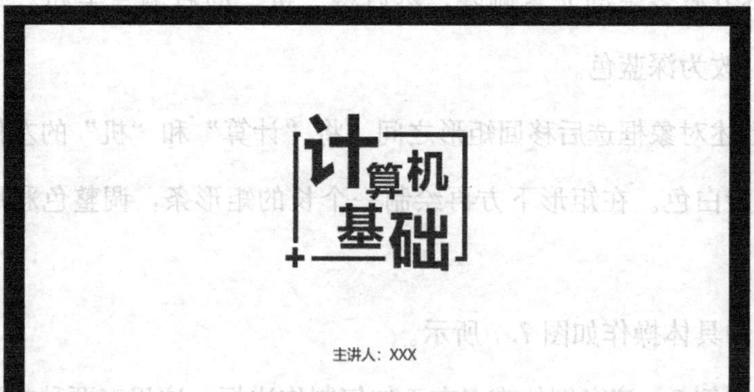

图 7.8　子案例 7

下面以第二种方法简要操作进行说明，如图 7.9 所示。

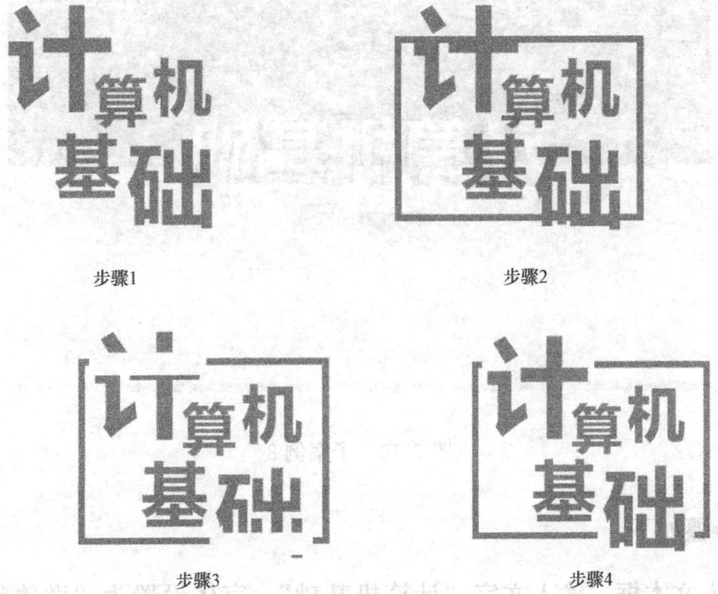

图 7.9 子案例 7 操作步骤

1）分别插入 5 个文本框，每个文本框输入一个文字，字体均设置为“微软雅黑”并加粗，字体大小可各不相同，然后根据图示进行摆放。

2）插入一个矩形，在“形状格式”选项卡的“形状样式”选项组中“形状填充”设置为“无填充”，“形状轮廓粗细”设置为“6 磅”，宽度宽于文字组合，其中上边框穿过“计”字，下边框穿过“础”字。

3）在“计”字和“础”字上方分别绘制一个白色无轮廓矩形，长度略长于文字，高度略高于边框。

4）选择“计”字文本框和“础”字文本框后右键选择“置于顶层”命令，图形完成。

5）案例中左下角的“十”图案与上文操作类似。

（8）子案例 8。该案例背景制作简单，其实是三个矩形，上方为深蓝灰色，下方为浅蓝灰色，最下方是一个橙色的长条，难点在“计算机基础”的立体字制作，最终效果如图 7.10 所示。

图 7.10　子案例 8

操作步骤如下：

1）插入文本框，输入文字“计算机基础”，字体设置为“微软雅黑”并加粗，字体大小设置为“96”，单击文本框，右键选择“设置形状格式”命令，在“文本选项”选项卡中设置“文本填充”为“渐变填充”，类型为“线型”，角度为 90°，“渐变光圈”由左至右设置为“白色－浅灰色－深灰色”。

2）在“文本选项”选项卡的“文字效果”命令中进行立体参数设置。在“三维格式”中，将深度颜色设置为“深灰蓝色”，大小为“40 磅”，材料设置为“亚光效果”，光源设置为“中性三点”。在“三维旋转”中，Y 旋转设置为 350°，透视设置为 120°。

3）接下来制作立体字的投影，新插入一个文本框，输入文字“计算机基础”，字体设置为“微软雅黑”并加粗，字体大小设置为“86”，字体颜色设置为灰色。单击文本框，右键选择“设置形状格式”命令，选择“文本选项”选项卡的“文字效果”命令，选择“发光”，颜色设置为和文字的灰色一致，大小设置为“6 磅”；“三维旋转”中，Y 旋转设置为 280°，透视设置为 120°。

4）单击右键选择灰色的“计算机基础”文本框，选择菜单“置于底层”命令中的“下移一层”，然后将其放在立体字后方，靠近立体字下沿部分，画面制作完成。

本案例的具体操作如图 7.11 所示。

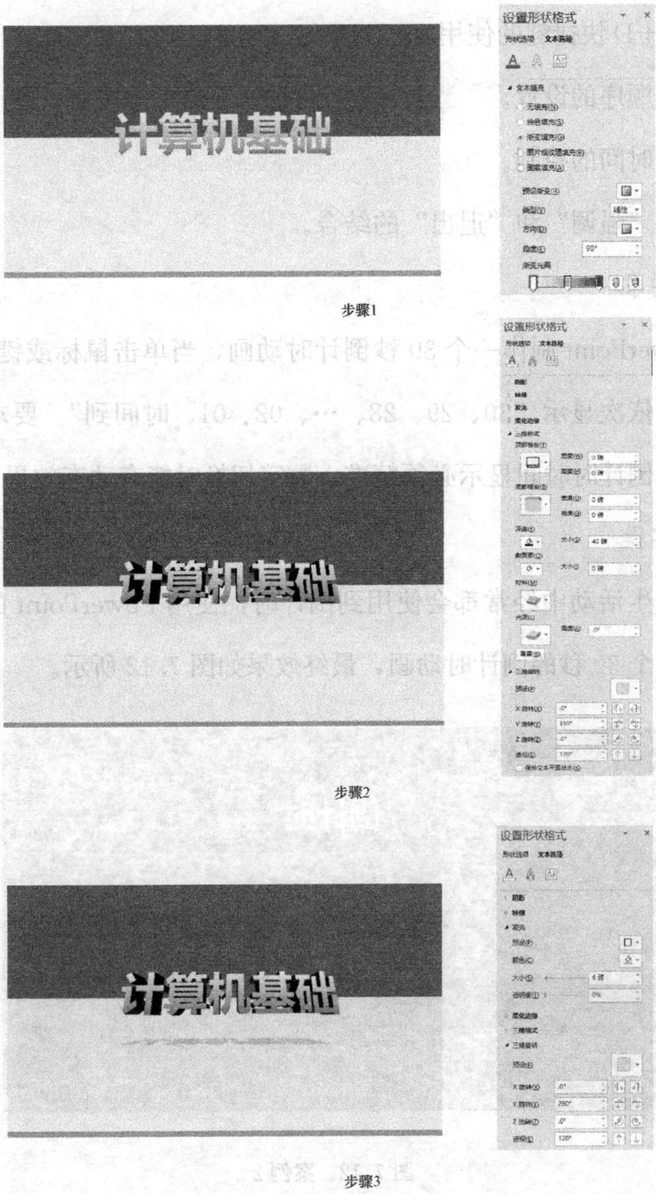

图 7.11　子案例 8 操作步骤

7.2 案例2 制作30秒倒计时动画

1. 知识要点

(1) Ctrl+D快捷键的使用。

(2) 动画顺序的设置。

(3) 动画时间的控制。

(4) 动画“强调”和“退出”的结合。

2. 案例要求

使用PowerPoint制作一个30秒倒计时动画，当单击鼠标或键盘空格键后，开始倒计时，依次显示“30、29、28、…、02、01、时间到”。要求在一个页面内制作完成，倒计时时间显示必须精准，数字切换时能有动态效果。

3. 案例实操

在各种学生活动中经常都会使用到倒计时，使用PowerPoint的动画即可很简单地制作一个30秒的倒计时动画，最终效果如图7.12所示。

图7.12 案例2

操作步骤如下：

(1) 插入文本框，输入“30”，字体设置为“微软雅黑”并加粗，字体大小设置为 166，单击该文本框，按快捷键 Ctrl+D，新复制粘贴了一个“30”的文本框，将该“30”改为“29”。

（2）单击“30”文本框，选择“动画”选项卡，单击“高级动画”选项组的“添加动画”命令，选择“强调—脉冲”，“计时”选项组的“开始”设置为“单击时”，“持续时间”设置为“01.00”。单击“高级动画”选项组的“动画窗格”，弹出“动画窗格”控制面板，鼠标右键单击“动画窗格”中的文本框“30”，选择“效果选项”，在“效果”的“动画播放后”设置为“播放动画后隐藏”。

（3）单击“29”文本框，选择“动画”选项卡，单击“高级动画”选项组的“添加动画”命令，选择“进入—出现”，“计时”选项组的“开始”设置为“上一动画之后”，“持续时间”设置为“自动”。再次单击该文本框，单击“添加动画”，选择“强调—脉冲”，“计时”选项组的“开始”设置为“与上一动画同时”，“持续时间”设置为“01.00”。在“动画窗格”控制面板，鼠标右键单击“动画窗格”中的文本框“29”，选择“效果选项”，在“效果”的“动画播放后”设置为“播放动画后隐藏”。

（4）单击“29”文本框，按快捷键 Ctrl+D，新复制粘贴了一个“29”的文本框，将该“29”改为“28”，不断重复此步骤，依次将新粘贴的文本框内容逐一改为“27、26、25、…、02、01、时间到!”

（5）检查“动画窗格”中各文本框内容的排序，由上自下应：“文本框 * *：30、文本框 * *：29、文本框 * *：29、文本框 * *：28、文本框 * *：28……文本框 * *：02、文本框 * *：02、文本框 * *：01、文本框 * *：01、文本框 * *：时间到!、文本框 * *：时间到!”。鼠标右键单击“动画窗格”中最后一个“文本框 * *：时间到!”选择“效果选项”，在“效果”的“动画播放后”设置为“不变暗”。

（6）鼠标左键框选所有数字文本框和“时间到!”文本框，单击“开始”选项卡，选择“绘图”选项组“排列”命令中的“对齐”，分别单击“水平居中”“垂直居中”，然后将所有文本框放置到演示文稿中心区域。

本案例的具体操作如图 7.13 所示。

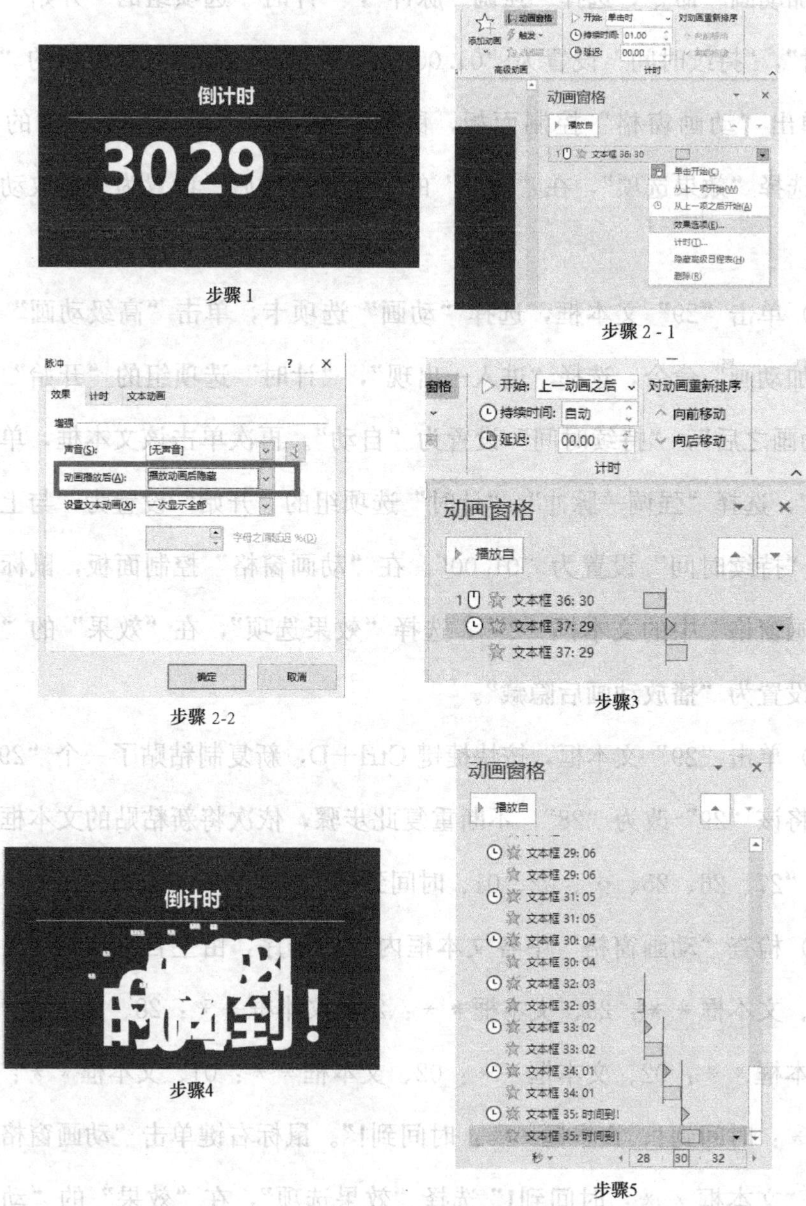

图 7.13　案例 2 操作步骤

7.3 案例 3 制作交互式动画

1. 知识要点

(1) 图标的应用。

(2)“合并形状”的使用。

(3)“动作路径”动画的应用。

(4)“触发器”的应用。

2. 案例要求

使用 PowerPoint 制作一个交互式动画，该页面为一道识图题，问:“下面哪些动物是家禽?”，需制作 4 个不同颜色卡套，每个卡套上分有 1 个动物（狗、鸭、鸡、兔）图标，卡套内分别有一张卡片，卡片上要有开心或不开心的图标。当幻灯片放映时，单击任一卡套，卡片就会弹出，给予“是家禽”（即开心图标）或“不是家禽”（即不开心图标）的提示。

3. 案例实操

在各种学生活动中经常都会使用猜谜互动游戏，可制作互动动画，最终效果如图 7.14 所示。

图 7.14 案例 3

操作步骤如下：

（1）首先绘制卡套，插入“形状”中的“圆顶角矩形”，将其旋转 180°，“形状填充”设置为黄色，“形状轮廓”设置为“无轮廓”。

（2）插入“形状”中的“椭圆”，按住 Shift 键绘制为正圆形，放置在步骤 1 矩形的上方居中位置。

（3）按住 Shift 键先单击矩形，再单击圆形，然后在“形状格式”选项卡的“插入形状”选项组中选择“合并形状”命令中的“剪除”，单击“形状样式”中的“形状效果”，选择“阴影”中的“外部—偏移：上”，这样一个卡套就做好了。

（4）单击该卡套，按快捷键 Ctrl＋D 再制 3 个卡套，色彩分别设置为橘色、绿色、蓝色。

（5）单击“插入”选项卡，选择“插图”选项组的“图标”命令，勾选“鸡、狗、兔、鸭”四个图标后单击插入。

（6）将四个动物图标分别放在四个卡套上，并将其图形填充改为白色，分别选择图标和卡套，按快捷键 Ctrl＋G 将其组合（注意，此处一定要按顺序从左至右逐个组合）。

（7）接下来绘制卡片，插入“形状”中的“矩形”，“形状填充”为灰色，插入“图标”中的一个开心图标和一个不开心图标，将其图形填充改为白色，分别与矩形组合（注意，此处一定要按顺序从左至右逐个组合），然后放置在卡套上方。

（8）将卡片移动到和卡套重叠，然后鼠标右键单击卡片选择“置于底层”。

（9）鼠标单击第一个卡套下方的卡片，选择“动画”选项卡，单击“高级动画”选项组的“添加动画”命令，选择“动作路径—直线”，单击“效果选项”，选择“上”；单击“高级动画”选项组中的“触发”命令，选择“通过单击”中的“组合××”（注意，此处组合编号中由小到大的顺序与上文第六步和第七步组合的顺序是一致的，因此只需根据编号顺序就可判断对应的组合元素），其他卡片动画操作一致。

本案例的具体操作如图 7.15 所示。

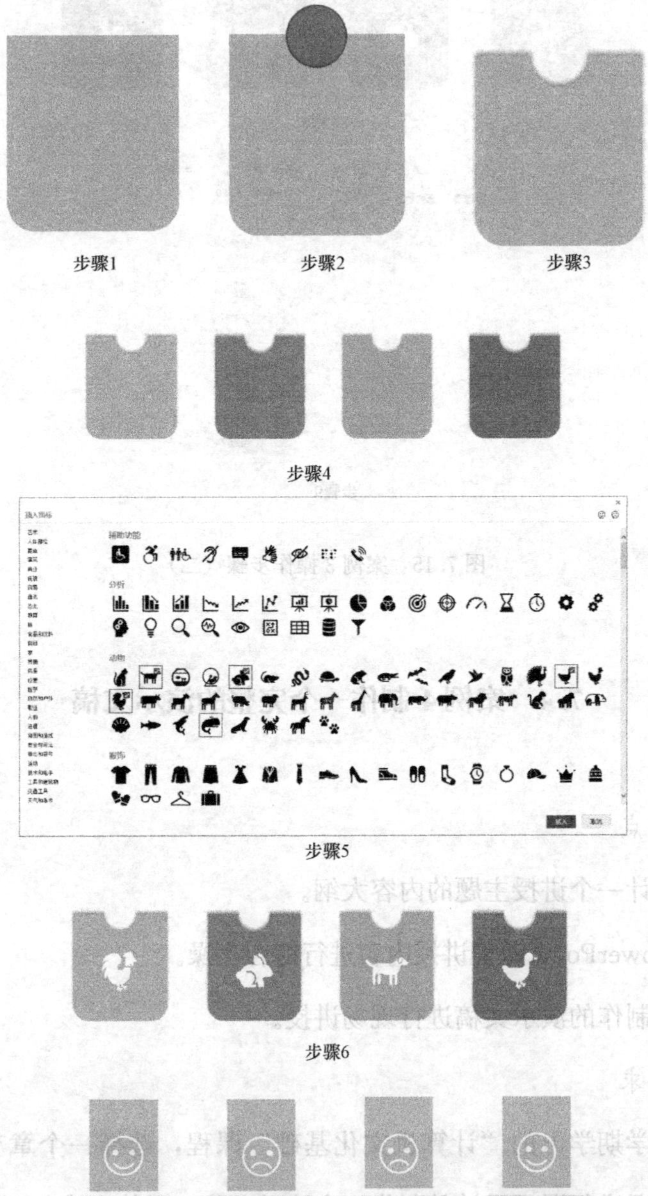

图 7.15　案例 3 操作步骤（一）

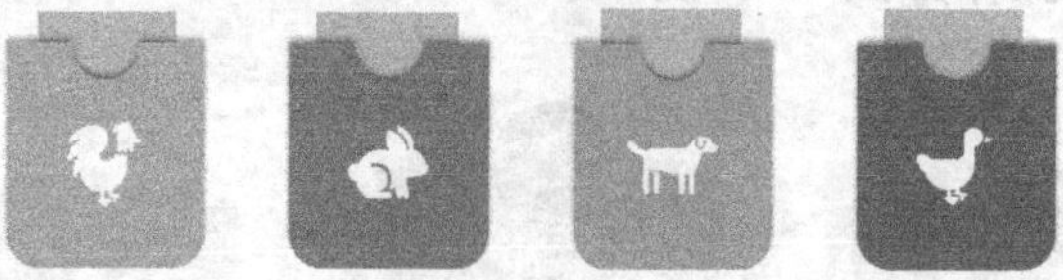

步骤8

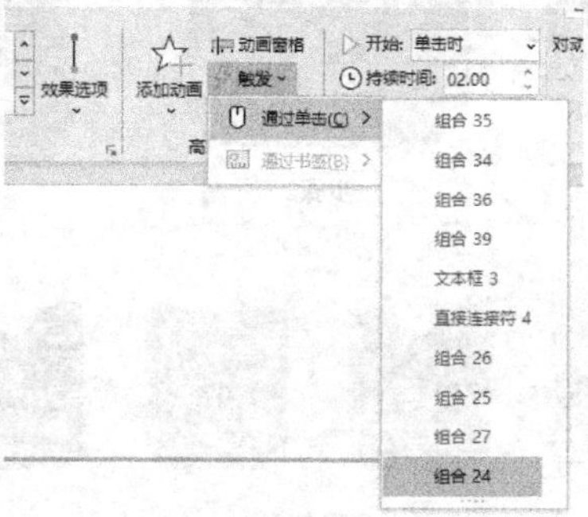

步骤9

图 7.15 案例 3 操作步骤（二）

7.4 案例 4 制作一个完整的演示文稿

1. 知识要点

（1）能设计一个讲授主题的内容大纲。

（2）对 PowerPoint 课程讲授内容进行综合实操。

（3）能将制作的演示文稿进行现场讲授。

2. 案例要求

根据这一学期学习的“计算机文化基础”课程，选择一个章节主题，结合自己的实际情况进行课程设计并制作一个演示文稿。具体要求如下：

（1）要有封面页、目录页、章节页、内容页、结束页，演示文稿整体不少于 15 页。

（2）页面设计美观大方，内容符合课程讲授需要，不能出现大段文字。

（3）演示文稿需应用图形、图像、图表、图标、音/视频等各种元素。

（4）演示文稿要有页面切换效果，部分页面应结合课程讲授需要制作动画。

（5）现场讲授时长控制在 10 分钟内。

3. 案例实操

该案例为开放性案例，此处不再做单独演示。

第 8 章　计算机基础等级考试大纲

8.1 基 本 要 求

(1) 具有微型计算机的基础知识（包括计算机病毒的防治常识）。

(2) 了解微型计算机系统的组成和各部分的功能。

(3) 了解操作系统的基本功能和作用，掌握 Windows 的基本操作和应用。

(4) 了解文字处理的基本知识，熟练掌握文字处理软件微软 Word 的基本操作和应用，熟练掌握一种汉字（键盘）输入方法。

(5) 了解电子表格软件的基本知识，掌握电子表格软件 Excel 的基本操作和应用。

(6) 了解多媒体演示软件的基本知识，掌握演示文稿制作软件 PowerPoint 的基本操作和应用。

(7) 了解计算机网络的基本概念和因特网（Internet）的初步知识，掌握 IE 浏览器软件（Internet Explorer）和 OutlookExpress 软件的基本操作和使用。

8.2 考 试 内 容

一、计算机基础知识

1. 计算机的发展、类型及其应用领域。

2. 计算机中数据的表示、存储与处理。

3. 多媒体技术的概念与应用。

4. 计算机病毒的概念、特征、分类与防治。

5. 计算机网络的概念、组成和分类；计算机与网络信息安全的概念和防控。

6. 因特网网络服务的概念、原理和应用。

二、操作系统的功能和使用

1. 计算机软、硬件系统的组成和主要技术指标。

2. 操作系统的基本概念、功能、组成和分类。

3. Windows 操作系统的基本概念和常用术语，文件、文件夹、库等。

4. Windows 操作系统的基本操作和应用：

(1) 桌面外观的设置，基本的网络配置。

(2) 熟练掌握资源管理器的操作与应用。

(3) 掌握文件、磁盘、显示属性的查看、设置等操作。

(4) 中文输入法的安装、删除和选用。

(5) 掌握检索文件、查询程序的方法。

(6) 了解软、硬件的基本系统工具。

三、文字处理软件的功能和使用

1. Word 的基本概念，Word 的基本功能和运行环境，Word 的启动和退出。

2. 文档的创建、打开、输入、保存等基本操作。

3. 文本的选定、插入与删除、复制与移动、查找与替换等基本编辑技术；多窗口和多文档的编辑。

4. 字体格式设置、段落格式设置、文档页面设置、文档背景设置和文档分栏等基本排版技术。

5. 表格的创建、修改；表格的修饰；表格中数据的输入与编辑；数据的排序和计算。

6. 图形和图片的插入；图形的建立和编辑；文本框、艺术字的使用和编辑。

7. 文档的保护和打印。

四、电子表格软件的功能和使用

1. 电子表格的基本概念和基本功能，Excel 的基本功能、运行环境、启动和退出。

2. 工作簿和工作表的基本概念和基本操作，工作簿和工作表的建立、保存和退出；数据输入和编辑；工作表和单元格的选定、插入、删除、复制、移动；工作表的重命名和工作表窗口的拆分和冻结。

3. 工作表的格式化，包括设置单元格格式、设置列宽和行高，设置条件格式、使用样式、自动套用模式和使用模板等。

4. 单元格绝对地址和相对地址的概念，工作表中公式的输入和复制，常用函数的使用。

5. 图表的建立、编辑和修改，以及修饰。

6. 数据清单的概念，数据清单的建立，数据清单内容的排序、筛选、分类汇总，数据合并，数据透视表的建立。

7. 工作表的页面设置、打印预览和打印，工作表中链接的建立。

8. 保护和隐藏工作簿和工作表。

五、PowerPoint 的功能和使用

1. 中文 PowerPoint 的功能、运行环境、启动和退出。

2. 演示文稿的创建、打开、关闭和保存。

3. 演示文稿视图的使用，幻灯片基本操作（版式、插入、移动、复制和删除）。

4. 幻灯片基本制作（文本、图片、艺术字、形状、表格等插入及其格式化）。

5. 演示文稿主题选用与幻灯片背景设置。

6. 演示文稿放映设计（动画设计、放映方式、切换效果）。

7. 演示文稿的打包和打印。

六、因特网（Internet）的初步知识和应用

1. 了解计算机网络的基本概念和因特网的基础知识，主要包括网络硬件和软件，TCP/IP 协议的工作原理，以及网络应用中常见的概念，如域名、IP 地址、DNS 服务等。

2. 能够熟练掌握浏览器、电子邮件的使用和操作。

8.3 考 试 方 法

上机考试，考试时长 90 分钟，满分 100 分。

题型及分值：

单项选择题（计算机基础知识和网络的基本知识）20 分；

Windows 操作系统的使用 10 分；

Word 操作 25 分；

Excel 操作 20 分；

PowerPoint 操作 15 分；

IE 浏览器的简单使用和电子邮件收发 10 分。

参 考 文 献

[1] 燕飞，何冰，陈建莉，等．大学计算机基础实训指导．[M]．成都：西南交通大学出版社，2016.

[2] 胡尚杰，李深，杨文利，等．计算机应用基础项目化教程（Windows10＋Office2016）[M]．北京：中国铁道出版社，2017.

[3] 高铭．天才在左　疯子在右 [M]．武汉：武汉大学出版社，2015.